Dietrich Volkmer

Sossusvlei und Fishriver-Canyon

Unterwegs im Süden Namibias

DIETRICH VOLKMER

SOSSUSVLEI

UND

FISHRIVER-CANYON

UNTERWEGS IM SÜDEN NAMIBIAS

REISE-IMPRESSIONEN

Alle Rechte vorbehalten
© Dr. Dietrich Volkmer

Die Deutsche Nationalbibliothek verzeichnet diese
Publikation in der Deutschen Nationalbibliografie;
Detailierte bibliografische Daten sind im Internet über
http://dnb.ddb.de abrufbar

Text, Layout und Umschlaggestaltung
Dr. Dietrich Volkmer
www.literatur.drvolkmer.de

Sämtliche Fotos: Dr. Dietrich Volkmer

Internet-Seiten
www.drvolkmer.de   www.literatur.drvolkmer.de
www.buchtipps.drvolkmer.de www.privat.drvolkmer.de

Alle Rechte liegen beim Autor
Die Verbreitung von Inhalten des Buches in jeglicher
Form und Technik, auch auszugsweise,
ist nur mit schriftlicher Einwilligung des Autors gestattet

Herstellung und Verlag
BoD Books on Demand
Norderstedt
Printed in Germany

ISBN 9783752816334

Sossusvlei und Fishriver-Canyon

Das Reiterdenkmal
Es wurde in Deutschland gebaut und im Jahr 1912 zu
Kaisers Geburtstag in Windhoek enthüllt
(Foto: 1998)

Inhaltsverzeichnis

Vorwort 9
Durch die Kalahari-Wüste 11
Fahrt in den tiefen Süden 17
Die Wüstenpferde von Garub 25
Ist in Aus alles aus? 28
Adlernest und Geisterschlucht 32
Kolmannskuppe und das Diamantenfieber 44
Lüderitz 48
Rhein-Romantik in der Wüste 52
Sossusvlei 65
Die Namib-Wüste und der Namib-Naukluft-Park.... 69
Kriegsflüchtlinge 71
   Wüstenalltag 73
   Arbeit 78
   Der erste Regen 82
An der Nordsee-Küste ? 87
Swakopmund 92
Martin Luther in der Wüste und die Weltwitschias .. 96
Na'an ku se 98
Windhoek und Katutura 100
Das Problem der Landreform 102
Die DDR-KInder 106
Das Land der endlosen Zäune und Gondwana 110
Wasser - ein kostbares Elixier in Namibia 112
Literatur 114
Landkarte (antik) 115
Weitere Literatur des Autors 116
Ausklang 119

**Die Sanddünen von Sossusvlei
Einer der Höhepunkte jeder Namibia-Reise**

Sossusvlei und Fishriver-Canyon

Vorwort

Es gibt Reisen, die bleiben im Gedächtnis. Entweder hat man das Gefühl, man müsste alles noch einmal und intensiver sehen, da man beim erstenmal manche Dinge übersehen oder als nicht so beachtenswert empfunden hat und nach dem gründlichem Studium von erworbenen Büchern oder Reisebeschreibungen anderer Autoren hier und da noch ein Defizit verspürt.

Oder, wie es für dieses Buch zutrifft, es gibt noch Bereiche, die man bei der ersten Reise ausgelassen hat, sei es, dass sie nicht im Reiseplan vorgesehen waren oder zu weit abseits lagen.

Die erste Reise führte uns über Windhoek zum Sossusvlei, weiter nach Swakopmund und von da aus in den Norden in die Etosha-Pfanne und zurück.

Der ganze Süden war im Grunde ausgeklammert.

Jedesmal, wenn ich an Namibia dachte, kam mir der fehlende Süden in den Sinn. Die weiten Ebenen, die Kalahari, der Fish River Canyon, die kleinen Städtchen südlich von Windhoek, das Diamantensperrgebiet und vor allem Lüderitz, jener Ort, der wie kein anderer mit der Besiedlung von Deutsch-Südwestafrika verbunden ist.

Wie kann man am besten diese „Fehlmeldungen", die einen verfolgen, beheben?

Ganz einfach, man reist noch einmal hin.

Diesmal fiel die Reise in die Vorweihnachtszeit.

Unser klimatischer Winter entspricht einem Sommer auf der südlichen Halbkugel. Das haben wir oft verspürt. Es war, besonders in den Wüstengegenden, sehr heiss und es lähmte ein wenig die Aktivitäten. Aber der junge Morgen und auch die Abende liessen uns die Hitze des Tages vergessen.

Vom Titel her mag es so klingen, als gäbe es im Süden Namibias nichts als Sand und Einsamkeit. Dem ist nicht so. Ein Grossteil, wenn nicht gar der grösste Teil besteht aus Sand und Wüste, aber darin und dazwischen liegen kleine Flecken, grüne Oasen und Sehenswürdigkeiten, die den Reisenden für die langen Fahrten entschädigen.

Und wenn man lange genug diese endlose Landschaft durchquert hat, beginnt man sie sogar zu mögen, wenn nicht gar zu lieben. Und Einsamkeit? Ist sie nicht dieses Phänomen, das uns hin und wieder zur Selbstreflexion zwingt? Immer unter der für viele beruhigenden Tatsache, dass wir ihr bei Bedarf entfliehen können.

Namibias Süden ist nichts für Menschen, die nur Trubel um sich herum benötigen, um ihre eigene Leere zu übertünchen.

Wer aber in sich ruht, für den ist der Süden ein faszinierendes Ziel.

Zu guter Letzt: Dieses kleine Buch ist kein Reiseführer. Es ist eine Summation von Gedanken vor, während und nach der Reise in den Süden Namibias.

Reise-Impressionen eben.

Bad Soden, im Februar 2015

Dieses Buch erschien damals im Jahr 2015 unter dem Titel „Wüstensand und Einsamkeit - Im Süden Namibias". Nach einer erneuten Reise, diesmal in den Norden Namibias, erschien 2017 das Buch „Etosha und Caprivi - Eine Reise in den Norden Namibias".

Danach erschien es mir ratsam, das frühere Buch noch einmal zu überarbeiten und zu erneuern und unter einem anderen Titel herauszubringen.

Aus „Wüstensand und Einsamkeit" wurde zur besseren geografischen Anschaulichkeit der Name „Sossusvlei und Fishriver-Canyon".

Die Inhalte und Bilder blieben weitgehend identisch.

Durch die Kalahari-Wüste

Die Reise begann in Windhoek und führte uns nach einem Abstecher in den Na'an ku se Wildpark nach Süden in Richtung Kalahari.

Das Wort Kalahari assoziierte ich vom Inhalt her, bevor ich mir ein Bild davon machen konnte, mit Dürre, Sand, Durst und Kargheit.

Doch ganz so dramatisch ist die Lage nicht. Meine Befürchtungen erwiesen sich als übertrieben. Im Gegensatz zur Namib-Wüste ist die Vegetation auf dem teilweise roten Sand hier wesentlich vielfältiger.

Vom Klang, von der Wortmelodie her gefällt mir das Wort Kalahari sehr gut.

Beim ersten Teil muss ich an das Griechische Wort „kala" denken, es bedeutet gut.

Beim zweiten Teil fiel mir die Tänzerin Mata Hari ein – eine berühmte deutsche Spionin während des Ersten Weltkriegs.

So hat eben jeder seine Assoziationen.

Niemand konnte uns aber erklären, woher der Name Kalahari stammt und was er bedeutet. Ich tippe mal auf eine Namensgebung durch die Buschmänner.

Das Wort Wüste kann man demzufolge getrost im Zusammenhang mit dem Wort Kalahari vergessen. So hat man ihr den verschönernden Titel Halbwüste verliehen.

Von Windhoek kommend fuhren wir auf der gepflasterten Strasse durch die Khomas-Berge nach Rehoboth.

Leider nimmt die sorglose Umweltverschmutzung auch hier schon deutlich zu. Die grasbedeckten Seitenstreifen der Strasse sind voll von Plastik, Papier und Flaschen. Entledigung der kurzen Wege! Mir ist nicht bekannt, ob wohl mal eine Entsorgung stattfindet.

Rehoboth wurde 1871 als Stammessitz der aus der Kapprovinz

eingewanderten sogenannten Rehobother Baster (Nachkommen aus Mischehen zwischen Nama(-frauen) und burischen Einwanderern aus der Kapregion (Südafrika)) unter ihrem Kaptein Hermanus van Wyk gegründet.

Das Wort Baster ist identisch mit unserem Wort Bastard, wird aber von den Basters nicht als solches empfunden, sondern mehr als eine Art Ehrentitel im Hinblick auf ihre Vergangenheit und Herkunft. Nach der Inbesitznahme von Südwest-Afrika durch Deutschland und Begründung der Kolonie Deutsch-Südwestafrika schlossen die Rehobother Baster als einer der ersten Stämme Schutz- und Beistandsverträge mit der deutschen Schutzmacht ab (1885) und unterstützten diese aktiv bei der angestrebten Befriedung des unruhigen Landes durch Gestellung von Baster-Verbänden. Auch zu Beginn des Ersten Weltkrieges wurde in Rehoboth eine Freiwilligenkompanie der Baster unter deutscher Führung aufgestellt, jedoch mit der ausdrücklichen Beschränkung, nicht gegen Weisse eingesetzt werden zu dürfen.

Die früheren Sonderrechte wurden ihnen nach der Unabhängigkeit Namibias aberkannt.

Der Ort selbst mit seinen rund 23.000 Einwohnern lohnt keine Einkehr, nur flache Häuser sind zu sehen, überragt von einer Kirche.

Weiter geht es entlang der B1 nach Süden.

Ein grosses Schild weist auf den Wendekreis des Steinbocks hin. Ein Foto darunter gehört wohl zum Standard-Verhalten aller Touristen, die diese imaginäre Linie überqueren.

Kurz danach werden an der Strasse Decken aus Springbock-Häuten in allen Formen und Farben verkauft. Sicher ein schönes Andenken und für die Eingeborenen eine gute Einnahmequelle, aber wir möchten unser Gepäck nicht unnötig aufblähen.

Zu beiden Seiten Buschland und Zäune und wieder Zäune.

Sossusvlei und Fishriver-Canyon

Vor dem kleinen Örtchen Kalkrand bogen wir nach Osten auf einer Sandpiste ab – in die Kalahari. Erstmals begegnen wir den roten Dünen, die aber meistens – wenn auch spärlich – bewachsen sind. Sie sind in Nord-Süd-Richtung ausgerichtet, also parallel zur vorherrschenden Windrichtung, dazwischen liegen immer ebene Gefilde, die Dünentäler.

Im Gegensatz zu den Dünen der Namib-Wüste wandern sie nicht mehr.

An den wenigen Kameldornbäumen hängen die Nester der Webervögel.

Einige flache Zonen, Pfannen genannt, werden von Segelfliegern aus der ganzen Welt wegen ihrer guten Thermik geschätzt.

Nach ca. 30 km geht die Schotterpiste weiter nach Süden.

Unsere erste Lodge kommt in Sicht – die Intu African Private Game Reserve Lodge.

Allerdings nur die Eingangspforte, von einem Wächter bewacht. Bis zur eigentlichen Lodge ist noch ein wenig Fahrt durch rote Sandwege nötig.

Wir werden herzlich mit einem kühlen Getränk empfangen. Dann stapfen wir durch den Sand zu unserer Unterkunft.

Die kleinen Chalets haben eine Besonderheit – es gibt neben der Badezimmerdusche noch eine umzäunte Dusche unter freiem Himmel.

Wer beschreibt unser Erstaunen, als man uns zum Mittag einen Griechischen Salat offeriert. So weit hat es dieses mediterrane Gericht – eines unser Lieblingsgerichte in Hellas – schon gebracht.

Im Süden ziehen schwarze Wolken auf, es donnert und blitzt. Ein aufkommender Wind bläst den roten Sand durch die Lodge.

Zwischendurch findet die Sonne mal einen kleinen Wolkendurchlass und beleuchtet die roten Dünen vor einem dunklen Himmel. Eine grandiose Farbigkeit.

Ein paar Tropfen Regen, die wie kleine Perlen auf dem roten Sand kurz liegen bleiben – zu mehr reicht es nicht. Das Gros der Wolken macht einen Umweg um uns. Zum Leidwesen des Lodge-Personals, die sich den Regen dringend gewünscht hätten. Denn Wasser ist eines der grossen Probleme Namibias. Darauf wird noch einzugehen sein.

Ein kleiner Swimmingpool dient der Erfrischung.

Hundert Meter dahinter ist eine Tränke, an der sich die zierlichen Springböcke versammeln. Dann nähert sich in majestätischer Ruhe ein grosser Oryx.

Der Oryx ist das Wappentier Namibias – wir werden es auf unserer Weiterfahrt immer wieder sehen.

Um 16 Uhr ist eine Safari durch das riesige Reservat geplant, mit Sundowner. Ein Wildhüter vom Stamm Buschmänner fährt uns mit dem Jeep durch das Gebiet und erklärt uns vieles. Seinem geübten Auge entgeht nichts. Wo wir noch gar nichts sehen, da hat er schon Springböcke, Oryx, Kudus, Gnus, Strausse oder Giraffen erspäht und fährt uns in Fotografier-Position.

Die Fahrt über die hohen Sanddünen sind schon ein kleines Abenteuer, vor allem wenn es steil bergab geht – aber er macht es souverän.

Das Gewitter hat sich mehr nach Westen verzogen und so zeigt sich hier in der Kalahari, wo wir es am wenigsten vermutet haben, ein wundervoller Regenbogen über den roten Dünen.

Die rote Farbe entstammt übrigens einer dünnen Schicht Eisenoxyd, die den mehr ockerfarbigen Sand umhüllt.

Das ganze Gebiet ist umzäunt, viele der Tiere wurden hier ausgesetzt. So bleibt immer eine gewisse Population erhalten.

In einem extra grossen, umzäunten Reservat war mal ein Löwen-Pärchen ausgesetzt – extra, wie gesagt, um die anderen Tiere nicht zu gefährden.

Das Männchen – diese Verkleinerungsform hört sich bei einem ausgewachsenen Löwen etwas merkwürdig an – hatte schon das Zeitliche gesegnet.

Das weibliche Tier wurde jeden zweiten Tag gefüttert. Unser Wildhüter wollte uns das Tier zeigen. Er öffnete das Sicherheitstor und fuhr und fuhr, durchquerte das ganze Areal und fand die Löwin nicht. Jetzt war sein Ehrgeiz geweckt.

Dann erschien ein anderer Jeep mit Gästen aus einer Nachbar-Lodge. Dieser Wildhüter hatte wohl die besseren Augen. Er fand die Löwin, an der wir schon vorbeigefahren waren. So kamen wir noch zu unseren Löwen-Fotos.

Weitere Grosstiere wie Leoparden, Geparden, Elefanten oder Nashörner gibt es hier nicht.

Der Abschluss dieser Safari sollte der Sundowner sein. Auf einem roten Sandhügel war schon ein Tisch aufgebaut. Unser Wildhüter zauberte aus seinem Wagen aus einer Kühlbox Sekt, Gin Tonic, Bier und Cola und etwas zum Knabbern.

Im Westen hatten sich am Horizont dicke Wolken versammelt, so dass wir schon um den Sonnenuntergang bangten. Doch die Sonne tat uns den Gefallen und zeigte sich noch rotglühend bevor sie entschwand.

Ein unangenehmer Wind hatte sich aufgemacht und wirbelte den roten Sand in unsere Abendgesellschaft hinein. Überall war Sand, in den Getränken, im Mund, im Haar, in den Schuhen – kurzum, nach der Rückkehr in die Lodge mussten wir uns alle erst einmal „entsanden".

Der Abend klang aus mit einem gemütlichen Beieinander – zusammen mit einem Paar aus Schweden. Er sprach und verstand auch etwas Deutsch.

Morgen stand uns eine lange Reise von ca 480 Kilometer bevor, so dass wir uns früh zur Nachtruhe begaben.

Um die Geräusche der Nacht einzufangen, setzten wir uns aber mitten in der Nacht eine halbe Stunde vor unser Chalet. Denn die nächtlichen Stimmen sind hier so völlig anders als dahei

Fahrt in den tiefen Süden

Der Morgen sah uns schon früh auf der Fahrt nach Süden durch die Kalahari. Nach rund 30 Kilometern stiessen wir wieder nördlich von Mariental auf die Asphalt-Strasse nach Keetmanshoop.
Abrupt änderte sich die Landschaft. Viel Grün, viele Ackerkultur. Das Rätsel ist schnell gelöst: Hier wird das erstemal der Fish-Fluss durch den Hardap-Damm gestaut. Bislang der grösste Stausee Namibias mit 24 qkm. Dadurch wird die Gegend ausreichend mit Wasser versorgt und eine intensive Landwirtschaft ist möglich. Man baut Luzernen als Futtermittel an, sowie Weintrauben für Rosinen und Melonen.
Uwe beschliesst sicherheitshalber noch zu tanken.
So lernen wir die erste Tankstelle auf unserer Reise kennen. Dazu gehören kostenpflichtige, bewachte und dadurch saubere Toiletten sowie ein kleiner Supermarkt. Eine Art Kommunikationszentrum eben.
Weiter geht es fast immer geradeaus in Richtung Keetmanshoop.
Diese kleine Stadt trug früher den Namen Swartmodder. Im Jahr 1866 baut die Rheinische Missionsgesellschaft mit finanzieller Unterstützung des deutschen Kaufmanns Johann Keetman hier die erste Kirche. Zum Dank wurde der Ort in Keetmanshoop umgetauft. Das klingt echt norddeutsch und bedeutet Keetmans Hoffnung.
Durch einen starken Regenguss mit Überschwemmung wurde die alte Kirche zerstört. Die neue Kirche errichtete man auf einer Anhöhe. Diese Kirche wurde zu einem Museum umfunktioniert – bei der war es bei unserer Visite gerade geschlossen.
Das frühere, im Jahr 1910 erbaute Kaiserliche Postamt zeigt immer noch die alte Inschrift, bedürfte aber eine dringenden Sanierung. Heute befindet sich darin die Tourismusinformation. Kaum

vorstellbar, dass sie unter Überarbeitung leidet.

Zur Rechten ragt der Brukkaros (1586 Meter) aus der Ebene heraus, ein vulkanähnlicher Berg.

Kurz vor Keetmanshoop zur Rechten zeigt sich eine der Attraktionen des südlichen Namibias – der Köcherbaumwald.

Der Name Wald täuscht ein wenig – es sind nur rund 250 Exemplare, die hier wachsen.

Sie stehen nicht so dicht wie in einem Wald bei uns – sie halten geziemenden Abstand voneinander.

Es gibt sie nirgends auf der Welt, nur in Namibia und Südafrika, aber so vielzählig wie hier nirgendwo.

Der Köcherbaum – Aloe dichotoma – ist ein merkwürdiger Baum, der sich aber elegant an die schwierigen Bedindungen angepasst hat. Gegen das Austrocknen schützt er sich mit einer sehr harten, pergamentartigen, gelblich-braunen, schuppig geformten Rinde. Das Innere des Baumes und der Äste hingegen ist weich und ist somit in der Lage, die spärlichen Wassermengen über längere Zeit zu speichern.

Wenn es regnet, saugt sich der Baum über die Wurzeln voll und transportiert das lebenserhaltende Nass in die Äste. Auf diese Weise kann der Baum so manche Trockenperiode überstehen.

Der Name Köcherbaum soll angeblich von einer Angewohnheit der Buschmänner stammen. Sie höhlten die Äste aus und verwendeten sie als Köcher für ihre Pfeile.

Die Bäume können bis zu zweihundert Jahre alt werden und bis sieben Meter hoch werden. Jeder Ast gabelt sich wieder in zwei weitere Äste und am Ende des jeweiligen Astes sitzt ein Blatt.

Wir kommen uns vor wie in einem Märchenwald oder in einem verwunschenen Wald. Es fehlen nur noch die dazu gehörigen Gestalten. Dazu die eigenartigen Bäume!

Und dazwischen liegen aufgetürmte Haufen mit grossen Steinen, die ausschauen, als hätte man sie behauen und passend gemacht. Unser Fahrer sagt aus Spass: Obelix hat sich hier ausgetobt.

Rings um den Parkplatz sind aus Metallgegenständen fabrizierte Kunstobjekte ausgestellt.

Ein kleiner Kiosk mit ein paar überdachten Stühlen sorgt für Verpflegungs- und Getränke-Nachschub. Mariann kommt jeden Tag aus Keetmanshoop zum Köcherbaumwald und versorgt uns freundlich mit Tee.

In Keetmanshoop zeigen Schilder nach Südafrika. Unser Weg jedoch geht weiter nach Süden. Ein kleiner Umweg führt uns am Naute-Staudamm vorbei, der den Löwen Rivier aufstaut.

Es ist ein interessantes Projekt. Man baut mit dem Wasser Dattelpalmen an, denn sie verbrauchen nicht so viel Wasser. Sie zeigen wohl die ersten Früchte. Die andere Überraschung: Weinreben. Das Ziel ist: Sich vom Weinanbau in Südafrika ein wenig unabhängiger machen. Zum namibischen Wein kann ich nur wenig sagen, da ich nur einmal die Gelegenheit hatte, einen im Land produzierten Shiraz zu probieren. In allen Lodges und Hotels standen fast ausschliesslich südafrikanische Weine auf der Weinkarte.

Man darf eben eines nicht vergessen: Südafrika hat eine lange Weinanbau-Tradition.

Der nächste Halt ist am Cañon Road House, ein zur Gondwana-Organisation gehörendes Projekt. Man muss es einfach gesehen haben, so originell ist es.

Draussen steht ein alter Mercedes-Bus. Das Innere ist witzig ausdekoriert und erinnert mit seinen vielen Ausstellungstücken, alten Autos und Zubehör an eine in die Jahre gekommene Autowerkstatt. Ein Rundgang ist sehr zu empfehlen.

Mittendrin eine rechteckige Bar.

Unterwegs im Süden Namibias

Wir kommen mit einer der schwarzen Angestellten ins Gespräch. Sie versucht uns, die Schnalzlaute der Bevölkerung beizubringen und lacht dann herzlich über unsere Übungen.

Die Speisekarte ist englisch und deutsch.

Weil es so weit von zu Hause ist und zudem ungewöhnlich hier im Süden Namibias bestellen wir uns aus Nostalgie einen Apfelstrudel mit Vanille-Eis.

Für mich, der immer schnell beim Kauf von Büchern der besuchten Gegend ist, ist es hier eine literarische Fundgrube. Viele Bücher aus der Frühzeit der deutschen Besiedlung, des Krieges gegen die Herreros und die Namas sowie von der Verteidigung gegen den Einmarsch der Südafrikaner und viele andere geschichtliche Themen der damaligen Zeit liegen hier aus.

Unser Gepäck ist wieder ein Kilo schwerer.

Gern hätte ich mehr gekauft, doch uns stehen noch etliche Reisetage bevor.

Auf einer Schotterstrasse geht es weiter durch karge, sandige Landschaft.

Zu beiden Seiten zeigen sich Oryx-Antilopen, Springböcke und auch die scheuen Berg-Zebras.

Hier soll irgendwo die Canyon Lodge liegen?

Kaum vorstellbar!

Die Bergkegel mit ihren geometrisch-einfachen Stein-Formen sehen wieder so aus, als seien sie von Menschenhand erstellt. Dann taucht sie auf, die Lodge.

Ein kleines grünes Paradies mit einem kleinen Teich davor mit Wasserpflanzen. Reception und Speiseraum sind in einem alten Farmgebäude aus dem Jahr 1910 untergebracht. Die rund dreissig Bungalows aus Naturstein mit einem Reetdach sind harmonisch in die felsige Landschaft hineingefügt. Dazwischen überall grüner Rasen.

Ein kleiner Swimmingpool liegt zwischen zwei Felsen rund hundert Meter entfernt.

Innen sind die Bungalows etwas spartanisch, die Wände auch aus Naturstein. Über dem Bett wölbt sich ein grosses Moskito-Netz. Unsere Befürchtungen sind unnötig. Nicht eine einzige Mücke hat sich zu uns verirrt. Bei unser ersten Reise hatten wir, besonders im Norden, unter diesen Quälgeistern ganz schön gelitten.

Nach einem vorzüglichen Abendessen artete der Weg in der spärlich beleuchteten Dunkelheit zum eigenen, ein wenig entfernten Bungalow zu einer kleinen Suchaktion aus.

Es muss schwer sein, in einem solchen Abseits für die Zufriedenheit der Gäste zu sorgen.

Die holländische Managerin erzählt uns von den Problemen, die eine solche Abgeschiedenheit mit sich bringt. Die nächste Einkaufsmöglichkeit ist nicht gleich um die nächste Ecke, insofern muss alles gut geplant werden.

Das Personal braucht eine intensive Einarbeitung.

In der Ausstattung steckt viel Liebe zu Detail. Manch ein Antiquitätenhändler hätte an vielen Dingen seine helle Freude.

Die Pflanzenwelt erfordert einiges an Pflege, daher wird das Brauchwasser aufgearbeitet und damit der Rasen gegossen. Mit Dankbarkeit verabschieden wir uns am nächsten Morgen von dieser kleinen Oase des Wohlbefindens.

Die nächste grosse Attraktion steht uns bevor.

Der Fish-River-Canyon.

Nach dem Grand Canyon in den USA der grösste Canyon der Welt.

Bis zu 500 Meter tief hat sich der Fish River im Laufe von Millionen Jahren in den felsigen Untergrund eingegraben. Geologen haben hier ihre helle Freude beim Betrachten der verschiedenen Gesteinsschichten an den manchmal senkrechten Wänden. Seine Länge ist beträchtlich, rund 160 km, mit einer Breite bis zu 27 Kilometer. Fünf Kilometer hinter dem Haupteingang befindet sich eine Besucherplattform und nicht weit entfernt davon der sogenannte Hiker's Point, von dem man auf einem schwindelerregenden Steilpfad nach unten mehr klettern als steigen kann.

Es ist später Vormittag und so zeigt sich der Canyon in eindrucksvollen Licht in einem Wechsel mit Schatten.

Wir trauen uns nur vorsichtig an die Ränder mit ihren steil abfallenden Wänden heran. Eine Wanderung am Rand des Canyons entlang zeigt uns immer wieder neue Ausblicke. Sogar ein etwas mickriger Köcherbaum hat der Trockenheit und der Hitze getrotzt. Unten im Canyon zeigt sich an einzelnen Stellen noch Wasser.

Wer dieses Naturparadies mit allen Sinnen geniessen möchte, kann an einer vier- oder fünftägigen geführten Wanderung durch den Canyon teilnehmen. Der Start ist am Canyon Roadhouse. Maultiere übernehmen das Gepäck und man selbst kommt mit einem kleinen Rucksack für persönliche Dinge wie die Kamera und viel Wasser gut zurecht. Übernachtet wird unterwegs in Zelten.

Ich ertappe mich dabei, wie ich mir vorstelle, einmal eine solche Wanderung mitzumachen. Aber die Realität holt mich schnell wieder ein. Es ist einfach zu weit und sicher anstrengend. Namibia – das ist nun mal kein Katzensprung von Deutschland aus.

Wir sahen keine Wanderer unten im Flussbett. Der Monat Dezember ist nicht der ideale Zeitpunkt für eine solche Tour, die Hitze des südlichen Sommers macht sich bemerkbar.

Ganz ungefährlich sind solche Canyon-Abenteuer nicht. Der Fish-River ist das Abfluss-Gebiet für das ganze südliche Namibia. Sollte es einmal – was sicher nicht so häufig vorkommt – zu starken Regenfällen kommen, so kann sich eine gewaltige Flut durch den Canyon wälzen. Dann heisst es: Rette sich wer kann auf höhere Plateaus.

Sossusvlei und Fishriver-Canyon

Wenn der Neckartal-Staudamm in der Nähe von Seeheim einmal fertig sein sollte – ich gebrauche bewusst den Konjunktiv, denn in Deutschland sind wir ja in Berlin und Hamburg solche Unwägbarkeiten gewohnt – dann dürfte sich diese Gefahr reduzieren.

Ein Abstecher weiter nach Süden zu den heissen Quellen von Ais-Ais, dort wo der Fish River in den Oranje-Fluss mündet, war zeitmässig nicht möglich.

Es geht fast die gleiche Strecke wieder zurück nach Norden.

Der nächste kleine Ort heisst Seeheim.

Früher, Anfang des 20. Jahrhunderts war dieser Ort nach der Fertigstellung der Bahnlinie ein wichtiger Umsteige- und Knotenpunkt für Reisende von und nach Südafrika. Damals gab es sogar drei Hotels.

Heute existiert nur noch das Seeheim Hotel, das um die Mittagszeit einen etwas einsamen und verlassenen Eindruck macht. Wir geniessen einen Tee und ein kleines Schwätzchen mit der Inhaberin.

An der Reception hängt eine Erklärung auf englisch, woher der deutsche Name Seeheim kommt.

Aus Interesse habe ich die klärenden Worte abfotografiert und versucht, sie zu Hause zu lesen. Der Text übersetzt: „Im Gegensatz zum englischen „sea" ist ein „See" nämlich ein Binnengewässer. Während der trockenen Monate war die Gegend um Seeheim kein Deut anders als die weite Halbwüste in Namibias Süden. Ein Wunder jedoch geschah, wenn der Fisch Fluss sich mit seinen Fluten hierher ergoss. Dann verwandelte sich Seeheim zu einer Insel, umrahmt von den Nebenströmen des Flusses. Die heimwehkranken deutschen Soldaten nannten es dann Seeheim in Erinnerung an ihre kleine Stadt – offenbar in Hessen".

Das Hotel und der Ort haben eine farbige Geschichte.

Anfang des 20, Jahrhunderts waren es zwei Ereignisse, die Seeheim florieren liessen. Zum einen die neue Eisenbahnlinie, die übrigens die Deutschen in Rekordzeit erbauten, und zum anderen die Diamantenfunde in der Nähe von Lüderitz.

Nachdem eine starke Flutwelle einen Grossteil des Ortes wegriss, zogen viele Einwohner nach Keetmanshoop um und Seeheim wurde zu einer Geisterstadt.

Im Jahr 1974 wurde unter der Ägide Sudafrikas die Teerstrasse von Lüderitz nach Keetmanshoop gebaut und eine Brücke über den Fisch Fluss, um die Gefahr der häufigen Überschwemmungen der Strasse zu umgehen.

Da die Geschäfte zurückgingen, schloss das Hotel mit seinen damals sechs Zimmern.

Nach 24 Jahren fand Herr Zirkie Kloppers das geschichtsträchtige Hotel ganz attraktiv, kaufte es und im Jahr 1998 öffnete es wieder und besitzt nun 28 Zimmer.

Eine kleine Broschüre mit dieser Geschichte liegt an der Reception für 10 N$ aus.

Auf asphaltierter Strasse geht es nunmehr in Richtung Westen nach Aus und weiter nach Lüderitz.

Die Wüstenpferde von Garub

Auf dem Weg von Aus nach Lüderitz gibt es noch eine sehenswerte Attraktion.

Es sind die wilden Pferde von Garub.

In dieser unwirtlichen Gegend leben die schätzungsweise 200 wilden Pferde, die sich an dieser Wasserstelle von allen Seiten zum Trinken einfinden und dann sich wieder langsam verstreuen, bis der Durst sie wieder hierher treibt.

Genügend Futter dürfte es kaum geben, aber zumindest reicht es zum Überleben der meisten aus. Über die Überlebensdauer der einzelnen Pferde gibt es keine Statistik. Für schwache Tiere ist es auf jeden Fall der ungeeigneteste Ort.

Dieses einzige Wasserloch in der Gegend diente früher den Dampflokomotiven der nahen Eisenbahnlinie zur Wasserversorgung. Man kann nur hoffen, dass die allgemeine Klimaveränderung durch lange Dürreperioden nicht die Lebensgrundlage dieser Pferde versiegen lässt.

Die Sonne brennt unbarmherzig herab und man ist froh über jedes bischen Schatten. Die Strasse von Aus nach Lüderitz zeigt links und rechts wenig fruchtbaren Boden. Kaum Gras und viel Sand. Einige Oryx-Antilopen harren in dieser trostlosen Umgebung aus.

Links zieht sich die Bahn-Linie dahin.

Nach rund zwanzig Kilometern befindet sich die frühere Bahnstation Garub, die aber heute verfallen ist, da sie niemand mehr braucht.

Ein kurze Stichstrasse führt nach rechts in die Einöde zu einem schattenspendenden Unterstand, von dem man einen Ausblick auf die Pferde und die Wasserstelle hat..

Rund fünfzig bis sechzig Pferde, einige Strausse und Oryx-Antilopen stehen, liegen oder laufen in der schattenlosen Wüstenei. Diese Wasserstelle ist der Anlaufpunkt für die Tiere, die von allen Seiten langsam, bedächtig heranziehen, als wollten sie nicht unnötig Energie vergeuden.

Man muss sich unwillkürlich fragen: Wie finden die Tiere hier Futter? Beim Herumschauen erscheint uns das wie ein grosses Rätsel.

Westlich erhebt sich ein höherer Berg, er wurde auf den Namen „Dicker Wilhelm" getauft.

Ja, der Kaiser hat überall seine Spuren, und sei es nur der Name, hinterlassen. Ob ihm ein solch despektierlicher Name eine Freude gemacht hätte, ist nicht überliefert.

Der Berg diente zur deutschen Kolonialzeit, besonders aber beim Einmarsch der südafrikanischen Truppen als Heliografen-Station.

Die Frage, woher diese Pferde eigentlich kommen ist noch immer ungeklärt.

Die meisten Vermutungen zielen auf Tiere der kaiserlichen Schutztruppe, die die Pferde vor der vorrückenden südafrikanischen Armee hier zurückliessen. Andere wiederum tippen auf einen der seltenen Bombenangriffe durch die Flugzeuge der Deutschen auf ein Lager des Gegners, wobei die Pferde in dem Durcheinander entwichen.

Um einen Eindruck zu gewinnen: Bei Kriegsausbruch gab die deutsche Kolonialverwaltung rund 17.500 Pferde, 14.000 Maultiere und Esel sowie 750 Kamele an. Eine erquickliche Anzahl, wenn man bedenkt, dass die meisten per Schiff hierher transportiert wurden. Bei der Mobilmachung begann die Requirierung sämtlicher Tiere, die als militärdiensttauglich eingestuft wurden. Es ist nicht bekannt, ob sich die Farmer gegen diese Massnahme gewehrt haben. Immerhin musste der Farmbetrieb weiter gehen. Das war die Lebensgrundlage vieler Farmer und ihrer Familien.

Wahrscheinlich ist an allem etwas Wahres dran und die Pferde haben sich inzwischen munter miteinander vermehrt und sich durch natürliche Auslese an die harten Bedingungen der Namib-Wüste angepasst.

Die Theorie, es seien entlaufene Pferde aus der Zucht des Barons von Wolf vom Schloss Duwisib dürfte wohl ins Reich der Phantasie gehören, denn Pferde pflegen im Gegensatz zu normalen Wildtieren keine grossen Wanderungen durchzuführen.

So hat jeder die Möglichkeit, sich aus dem Vielerlei der Vermutungen sich seine Version herauszudestillieren.

Schauen wir uns daher die Tiere ohne die menschliche Neugier nach dem Woher an und erfreuen uns an ihren prachtvollen Gestalten und an der Grazie ihrer Bewegung.

Ist in Aus alles aus?

Studiert man die Karte Namibias und schaut sich die südlichen Regionen an, stösst man auf den Ortsnamen Aus. Bei dieser Reise war dieser abgelegene Ort eines unserer Ziele. Wir kamen aus dem Süden von der Canyon Lodge in der Nähe des Fish River Canyons und wollten in Aus in einer Lodge für einen Abstecher nach Lüderitz zwei Tage Station machen.

Der Name Aus ist natürlich für einen Deutschen etwas ungewöhnlich. Und so beginnt die Phantasie ihre Flügel auszubreiten. Die ersten deutschen Siedler sind in Lüderitz gelandet, nur rund 130 Kilometer von Aus entfernt. Sollte einer mit seinem Ochsenkarren bei seinem Zug ins Binnenland hier stecken geblieben sein und in Anbetracht der felsig-öden Umgebung das „Aus" all seiner Hoffnungen und Pläne befürchtet haben? Konnte es sein, dass ein dereinst Mutiger hier depressiv ob der Gegebenheiten die Flinte ins Korn warf und die beschwerliche Weiterreise abbrach? Zerplatzte hier eine Illusion von einem Neuanfang? Alles aus?

Bei dem Wort „Aus" kommen mir – allerdings völlig unpassend zum Thema Namibia – andere, aber damals lebhaft empfundene Assoziationen in den Sinn.

„Aus, aus, aus, das Spiel ist aus," die Stimme des Ansagers im Radio überschlug sich fast, damals 1954, „Deutschland ist Weltmeister!"

Vom „Wunder von Bern" wieder zurück nach Namibia!

Jetzt sitzen wir im Bahnhof-Hotel in Aus. Uwe, unser Führer und Fahrer, fährt derweil zum Tanken und bringt zwei Ausgaben der deutschsprachigen „Allgemeine Zeitung" mit.

Bei einem Griechischen Salat – fürwahr, dieser Salat hat sich wohl weltweit durchgesetzt, denn in einer Lodge in der Kalahari be kamen wir ihn schon mal als Mittags-Menu – stärken wir uns für den Nachmittag.

Die Besitzerin des Hotels kommt kurz an unseren Tisch. Eine Frage brennt mir unter den Nägeln.

„Woher kommt das Wort ‚Aus'? Hat es etwas mit den Deutschen zu tun?"

„Überhaupt nicht! Aber indirekt wiederum schon. ‚Aus' ist ein Wort aus der Khoisan-Sprache und bedeutet so viel wie ‚Die Schlange, die die Quelle bewacht' oder einfach ‚Schlangen-Quelle'"

In der Umschreibung des Eingeborenen-Wortes sieht es so aus:

!Aus.

Das Ausrufe-Zeichen steht für einen Schnalz-Laut – in den Sprachen der Nama und Damara ein zusätzlicher „Buchstabe". Das aber war den Deutschen aussprachemässig zu schwer und sie reduzierten es auf ‚Aus'. Zudem entsprach es ihrer Erleichterung, von der Küste her „aus der Wüste" sicher angekommen zu sein.

Und so heisst der kleine Ort heute noch.

Später allerdings, als Aus seine wichtige Rolle als Handelsstation und Versorgungsposten verloren hatte, kursierte das geflügelte Wort „mit Aus ist es aus!".

Das hielt aber viele Deutsche nicht davon ab, sich hier niederzulassen.

Die Besitzerin des Bahnhof-Hotels ist deutschstämmig, ebenso die Besitzerin des kleinen Supermarkts schräg gegenüber.

An dieser Stelle möchte ich Piet Swiegers und seiner deutschen Frau Christine von der Lodge Klein Aus Vista ganz herzlich danken.

In den Chalets im Eagles Nest liegt eine ausführlich bebilderte umfangreiche Mappe aus, die die Geschichte der Lodge – wir kommen noch darauf zurück – beschreibt. Piet war so nett und schickte mir die gesamte Mappe als pdf-Datei, so dass ich sie jetzt zu Hause in aller Ruhe studieren konnte.

Die kleine Stadt Aus hat eine lebhafte Geschichte und ist eng mit der Geschichte von Lüderitz verbunden. Von Lüderitz aus begann die Besiedelung der Kolonie Deutsch-Südwest. Der deutsche Heinrich Vogelsang hisste im Auftrag des Bremer Kaufmanns Adolf Lüderitz hisste hier erstmals die deutsche Reichsflagge. Im Jahr 1884 wurden die Besitzungen von Adolf Lüderitz unter den Schutz des Deutschen Reiches gestellt.

Mit einigen unsauberen Tricks wurde den Nama Land abgekauft, denn die Eingeborenen kannten nicht den Unterschied zwischen der englischen und der nautischen Seemeile.

Man muss sich überhaupt wundern – das war mein Eindruck von der Küste bei Lüderitz – dass die ersten Deutschen nicht sofort wieder zurück aufs Schiff gestiegen sind, nicht ins Innere weitergezogen und nach Hause gefahren sind. Bei diesen Gegebenheiten – Sand, Sand und nochmals Sand! Der unaufhörlich blasende Westwind - der besonders ab Mittag stärker wurde – türmte den Sand zu halbmondförmigen Dünen auf. Diese Dünen, dieser Sand musste bei der Weiterfahrt ins Landesinnere durchquert werden. Die von Ochsen gezogenen Gespanne mussten ihre liebe Mühe gehabt haben, den Nachschub von der Heimat zu den Siedlern und später den Soldaten zu transportieren.

Um diese Schwierigkeiten, besonders um die Transportkosten zu überwinden, liessen die Deutschen eine Eisenbahn von Lüderitz über Aus nach Keetmannshoop bauen. Unter schwierigsten Bedingungen mussten die besiegten Namas beim Bau der Bahn helfen. Viele haben es mit ihrem Leben bezahlt.

Als im November 1906 die Bahn bis Aus fertiggestellt war, war das für den Ort ein regelrechter wirtschaftlicher Schub. Hotels eröffneten, Geschäfte, Cafés und sogar ein Postamt.

Der deutsche Kaiser erklärte am 31. März 1907 den Krieg gegen die Namas und die Hereros offiziell für beendet. Händler und Soldaten der deutschen Schutztruppe, die das Land lieben gelernt hatten, kauften Land in der Umgebung von Aus. Und so entwickelte sich Aus zu einem wirtschaftlichen Zentrum für die ganze Umgebung.

Im Norden wurde im gleichen Jahr die Etosha-Pfanne zu einem Naturschutzgebiet.

Die allgemeine Freude sollte nicht allzu lange währen.

Der Erste Weltkrieg, in Europa begonnen, streckte seine unbarmherzigen Fühler auch nach Afrika aus.

Die Deutsche Schutztruppe war auf sich gestellt, Tausende von Kilometern von Reich und Kaiser entfernt.

Der Nachschub aus der Heimat fiel aus, die Woermann-Linie musste ihre Fahrten einstellen. Südafrika, von den Engländern beherrscht, machte sich auf, Deutsch-Südwest zu erobern. Gegen eine zehnfache Übermacht hatten die tapferen deutschen Südwester keine Chance. Sie zogen sich immer weiter zurück und ergaben sich im Juli 1915.

Das Kapitel deutsche Kolonialgeschichte in Südwest-Afrika hatte damit nach dreissig Jahren ein Ende.

Aber – das muss jeder konzedieren – trotz vieler Grausamkeiten haben die Deutschen entscheidend zur Entwicklung dieser Region beigetragen.

Man sieht es daran, dass viele Orte noch deutsche Namen tragen, wie zum Beispiel Maltahöhe, Grünau, Mariental, Helmeringhausen etc. Bei den Bergen deuten die Namen Spitzkoppe und Königstein noch auf die deutsche Vergangenheit hin.

Manch ein deutscher Südwester hat die Orte (oder besser Siedlungen) nach dem Vornamen seiner Frau benannt.

Wie stolz müssen die von ihren Männern derart Geehrten gewesen sein, ihren Namen auf der Landkarte Afrikas wiederzufinden.

Unterwegs im Süden Namibias

Adlernest und Geisterschlucht

Zwei Nächte sind auf unserer Fahrt in der Lodge Klein Aus Vista geplant, ca 4 Kilometer westlich von Aus auf der Strasse nach Lüderitz..

Wir werden freundlich im Desert Horse Inn mit einem Drink empfangen und erhalten unsere Zimmerschlüssel. Im Club-Raum hängt eine grosse deutsche Fahne (Schwarz-Rot-Gold, nicht die Reichsflagge). Auf meine Frage sagt die Bedienstete: „Die ist noch von der Weltmeisterschaft in Brasilien!".

Also hat man auch hier der deutschen Mannschaft die Daumen gedrückt.

Im Eagles Nest liegt unser Chalet mit Namen „The Wall".

„Wir müssen noch ein bischen bis dahin fahren" meint Uwe, unserer Fahrer. Auf sandiger Piste fahren wir ein, zwei, drei Kilometer. Auf der linken Seite taucht ein Schild auf „Geisterschlucht". Das klingt schon ein wenig unheimlich!

Wir hören auf die Kilometer zu zählen. Wo um Himmels Willen soll hier eine Unterkunft sein? Ein hoher Berg auf der linken Seite, zur Rechten nur Wüste. Dann endlich nach acht Kilometern taucht es auf, das Adlernest. Einige rustikale Chalets, kaum erkennbar an ihrer der Umgebung angepassten Farbe. Alles aus Naturmaterialien. Das Innere lässt uns staunen.

Alles perfekt. Zwei grosse Betten, eine Küchenzeile, Dusche, WC, ein Kühlschrank gefüllt mit Wasser, Bier und Weisswein. In einem ausgehöhlten Baumstamm stecken vier Flaschen Rotwein. Und der Tisch ist gedeckt, Besteck, Teller, Gläser. Wie in einem Restaurant!

Doch wir sind keine Selbstversorger und ziehen das gebuchte Abendessen im Restaurant im Desert Horse Inn vor.

Sossusvlei und Fishriver-Canyon

Abb. 1 Ein Gewitter in der Kalahari zieht auf

Abb. 2 Ein Regenbogen in der Kalahari

Abb. 3 Namibia - das Land der Zäune

Abb. 4 Köcherbaum in der Nähe Keetmanshoop

Sossusvlei und Fishriver-Canyon

Abb. 5 Köcherbaum mit Steinquadern

Abb. 6 Canyon Roadhouse - originell und sehenswert

Abb. 7 Canyon Lodge nähe Fish River Canyon

Abb. 8 Bungalows der Canyon Lodge

Sossusvlei und Fishriver-Canyon

Abb. 9 Blick in den Fish River Canyon

Abb. 10 Gerade Schotterstrassen, weite Wege

Abb.11 Die wilden Pferde von Garub

Abb.12 Klein Aus Vista - unser Chalet Eagles Nest

Uwe wohnt gleich nebenan und fährt uns zum Essen. Ein bischen mulmig ist uns schon. Ob er in der Dunkelheit den Weg durch die Unwegsamkeit wieder zurück findet?

Beim Essen vergessen wir erst einmal unsere Bedenken. Das vorzügliche Menu und ein frischer südafrikanischer Chardonnay lenken ab.

Es gibt jedoch kein Problem!

Uwe dirigiert den Toyota Allrad sicher über die sandige Piste durch die namibische Nacht.

Im Westen zeigt sich noch ein kleiner heller Streifen über der Wüste.

Mitten in der Nacht setze ich mich ein wenig draussen vor die Tür. Eine fast unwirkliche Stille umgibt mich. Kein einziges Geräusch ist zu hören. Über mir spannt sich der grandiose Sternenhimmel des Südens. Kein Licht stört. Sogar die Milchstrasse – in unseren Breiten wegen des Lichtsmogs überhaupt nicht mehr sichtbar – zeigt sich in majestätischer Klarheit.

Beim Betrachten der Milchstrasse schleicht sich hier in der Stille der Wüste ein kleiner Ausflug in die griechische Mythologie ein.

Die meisten Menschen werden die Frage kaum beantworten können, woher der Name Milchstrasse stammt.

Es ist die Geschichte von Alkmene und Amphitryon.

Zeus war wieder einmal auf Freiersfüssen. Die schöne Alkmene hatte es ihm angetan. So nutzte er die Abwesenheit Amphitryons, der auf einem Kriegszug war, um sich in der Gestalt von Amphitryon der Schönen zu nähern, ja, er hielt sogar den Lauf des Mondes für drei Nächte an, um bei ihr zu liegen.

Etwas später kam der richtige Gatte zurück und erzählte ihr noch einmal die gleichen Geschichten, die sie von Zeus schon kannte. Etwas befremdlich war es ihr schon.

Wie dem auch sei, neun Monate später gebar sie zwei Knaben.

Der eine war Herakles, ein stämmiges Bürschchen vom Vater Zeus, der zweite, Iphikles vom Vater Amphitryon, war etwas zierlicher geraten.

Hera, der Gattin Zeus', war diese Eskapade nicht verborgen geblieben und sie hegte alles andere als Freude über den kleinen Herakles.

Aber eines Tages sah einen kleinen Knaben, der herzzerreissend weinte. Nicht ahnend, dass es Herakles war, gab sie ihm die Brust. Doch der kräftige Kleine biss sie ein wenig in die Brust, so dass sie ihn schmerzerfüllt von sich stiess.

Die Milch spritzte über den Himmel – und das wurde die Milchstrasse.

So phantasievoll waren die Alten Griechen bei der Erklärung ihnen geheimnisvoll vorkommender Erscheinungen.

Auf griechisch heisst es Galaxis – und *gala* heisst auch heute noch auf griechisch „Milch".

Die anderen Milliarden Galaxien waren den Alten Griechen noch nicht bekannt.

Nach dieser kleinen antiken Eskapade wieder zurück an den nächtlichen Sternenhimmel des Südens.

Die meisten Sternbilder sind mir unbekannt, nur der Orion mit seinen grossen Sternen Beteigeuze und Rigel und seinen Gürtelsternen kommt mir bekannt vor.

Zwei kleine weisse Wölkchen zeigen sich am Himmel. Unbewegt bleiben sie am Platz, kein Windhauch macht ihnen Beine.

Dann geht mir ein Licht auf. Wolken sind es schon, aber nicht im irdischen Sinn.

Es sind zwei kleine Ableger unserer Milchstrasse, die Magellanschen Wolken, zwei Sternenhaufen, rund hunderttausend Lichtjahre entfernt.

So hat man dem mutigen portugiesischen Seefahrer, der die Passage vom Atlantik zum Pazifik entdeckt hat, am Himmel noch ein Denkmal gesetzt.

Je länger man nach oben schaut, desto mehr schleicht sich ein Gefühl von Winzigkeit und Bedeutungslosigkeit ein.

Hier auf diesem so winzigen Planeten, auf den uns ein unergründliches Schicksal verschlagen hat, der sich um eine relativ kleine Sonne bewegt, die an einem der Seitenarme der Milchstrasse um das Zentrum kreist – hier gibt es so etwas wie Bewusstsein und die Möglichkeit, über das Universum nachzudenken.

Ist unser Sonnensystem und unsere Milchstrasse mit ihren Miliarden Sternen nicht auch ein winziger Bestandteil eines grossen lebendigen Wesens, das Weltall heisst, das uns so viele Geheimnisse vorenthält?

Und die von der Astrophysik so lauthals propagierte Ausdehnung des Universums – ist es vielleicht nichts weiter als ein sich über Jahrmillionen erstreckendes Einatmen dieses Lebewesens? Bis es irgendwann wieder ausatmet? Wir werden es nie ergründen.

Der Schlaf fordert sein Recht. Zurück ins Hier und Jetzt!

Noch einmal schaue ich später in die nächtliche Stille hinaus. Inzwischen ist der Vollmond aufgegangen und taucht die Wüste ringsherum in ein fadgelbes, faszinierendes Licht. Anblicke, die man nie vergisst.

Im Chalet ist jeglicher Komfort vorhanden.

Elektrisches Licht von Sonnenkollektoren. Warmes Wasser zum Duschen.

Und das alles in dieser unbeschreiblichen Einsamkeit.

Ein grosses Kompliment an die Familie Schwieger, die den Mut hatte, hier in dieser so abseits gelegenen Region solch luxuriöse Refugien zu schaffen.

Die Lodge hat eine interessante Geschichte. Im Jahr 1906 landete der 24-jährige Deutsche Adam Bolz mit der MS „Lulu Bohlen" in

Lüderitz. Er hatte bei der königlichen Infanterie in Metz (damals noch zum Deutschen Reich gehörend) gedient. Danach entschied er sich für den Dienst in den Kolonien. Es muss bei Landung in Lüderitz ein regelrechter Schock für ihn gewesen sein. Keine vom Wind durchwehten Palmen, keine Afrika-Romantik. Nur Sand – und das nicht zu wenig. Aber er machte sich mutig nach Osten auf. Nach zwei Tagen traf er erschöpft, durstig, sonnenverbrannt in Aus ein – mit einem furchtbaren Durchfall.

Nach einer Weile fand er Gefallen an der weiten Landschaft, dass er beschloss zu bleiben. 1908 hatte der Krieg gegen die Nama ein Ende gefunden und er kaufte die Farm Klein Aus von dem Deutschen Bergemann. Er begann mit Rinderzucht, später kam ein Milchladen und eine Metzgerei hinzu.

Das einzige was noch fehlte, waren Frauen. Der Deutsche Frauenbund warb im Sinne der hiesigen Junggesellen im Deutschen Reich für „Nachschub".

So kam Adam zu seiner Mathilde Behrens, Tilly genannt, die er 1910 heiratete. Sie gebar ihm fünf Kinder. Die damalige Klinik bestand aus einigen grossen Zelten in der Nähe der Viehställe – Hygiene wurde nicht gerade gross geschrieben.

Das Paar versuchte seinen Lebensunterhalt mit vielerlei Tätigkeiten zu verdienen. Sie verkauften Kuchen und Kaffee an die Zugreisenden in Aus, die hier ausstiegen oder nach Seeheim oder Keetmanshoop weiterfuhren.

Die Produktion von Wurst kam dann noch hinzu und als die Diamanten-Mine in Kolmanns-Kuppe, über die noch zu reden sein wird, florierte, lieferten sie Milchprodukte mit der Bahn dorthin. Findig wie sie waren, züchteten sie später noch Karakul-Schafe, deren Wolle damals heiss begehrt war.

Der Erste Weltkrieg war die grosse Zäsur in Deutsch Südwest. Nach der Kapitulation gegen die zahlenmässig weit überlegene südafrikanische Truppe kamen rund 1500 deutsche Soldaten und Polizisten in ein Internierungslager bei Aus.

Doch Adam Bolz hatte Glück – er durfte nach Hause.

Als seine Frau und zwei Töchter einmal einen Deutschland-Besuch starteten, überraschte Adam sie bei ihrer Rückkehr mit dem ersten festen Gebäude auf der Farm.

Erneut warf ein Krieg seine Schatten über Südwest. Adam und ein Sohn Fritz kamen in ein Internierungslager nach Südafrika. Die Mutter und die Tochter Friedel mussten allein die grosse Farm bewirtschaften.

Nach sieben Jahren Internierung kamen beide heim.

Der Sohn Fritz übernahm die Farm und baute das neue Farmhaus, das heute das Restaurant beherbergt. Im Jahr 1983 zogen Fritz und seine Frau Dora nach Johannesburg und verkauften die Farm an die Familie Swieger aus Südafrika, deren Nachfolger die Lodge mit vielen Helfern aus der Umgebung noch heute führen.

Sie hatten den Mut, auf den Tourismus zu setzen.

Und wie man sieht, ihr Konzept ging auf.

Kolmannskuppe und das Diamantenfieber

Edelsteine, besonders Diamanten haben eine magische Anziehungskraft auf Menschen, entweder als Schmuck, als Anlageobjekt oder einfach nur zum Anschauen.

Das zeigte sich als Folge einer Entdeckung im April 1908. Die Bahnlinie von Lüderitz nach Aus musste ständig vom Sand befreit werden, der sich durch den unablässig von Südwesten kommenden starken Wind zum Teil zu hohen Dünen auftürmte und die Gleise zuzuwehen drohte.

Der deutsche Oberbahnmeister August Stauch beaufsichtigte eine Reihe von eingeborenen Bahnarbeitern und wies sie an, auf glitzernde Steine zu achten. Wer beschreibt seine Freude, als der schwarze Bahnarbeiter Zacharias Lewala bei ihm im April 2008 mit einem merkwürdigen Stein auftauchte.

Sicherheitshalber liess er den Stein untersuchen. Ein Geologe stufte ihn eindeutig als Diamanten ein.

August Stauch war ein heller Kopf. Seine nächste Amtshandlung bestand darin, bei der Deutschen Kolonialen Gesellschaft eine Konzession zu beantragen. Zusätzlich gründete er die Deutsche Diamanten Gesellschaft.

Die Diamanten lagen einfach im Sand herum. Man musste also nicht in die Tiefe gehen und Gruben ausschachten.

Nun strömten sie von überall her, Hazardeure und Glücksritter. Lüderitz entwickelte sich zu ihrer Versorgungsstadt für Wasser und Nahrungsmittel. Denn im Sand gab es weder Wasser noch irgendwelche essbaren Pflanzen.

Jedoch die deutsche Kolonialregierung beäugte dieses Treiben etwas misstrauisch und schob dann dem ganzen einen Riegel vor. Der Diamantenreichtum sollte gefälligst in den Säckel des Deutschen Reiches fliessen.

Sossusvlei und Fishriver-Canyon

Man erklärte eine Zone von hier bis zum Oranjefluss an der Grenze zu Südafrika bis 100 Kilometer landeinwärts zum Sperrgebiet, zu einer verbotenen Zone, im Klartext zu einem Diamantensperrgebiet.

Hauptquartier der neuen kolonialen Bergbaugesellschaft wurde Kolmannskuppe. Hier in einer öden, trockenen Gegend rund zehn Kilometer östlich von Lüderitz entwickelte sich eine rege Bautätigkeit. Häuser wie in Deutschland schossen aus dem Sand. Die Materialien kamen ebenfalls aus der Heimat – woher sollten sie auch sonst kommen. Eine Metzgerei entstand, ein Einkaufsladen, eine Eisfabrik für Stangeneis – gratis für die Bewohner, um den Menschen hier in dieser Hitze das Leben zu erleichtern. Ganze Familien kamen nach Kolmannskuppe, eine Schule für bis zu 44 Schüler wurde gebaut. An nichts wurde gespart, ab 1911 gab es sogar elektrischen Strom.

Das Haus der damaligen Besitzerin des Krämerladens ist noch gut restauriert. Auf dem Bürotisch liegt noch ihr altes Einnahmen-Ausgaben-Buch und das Wohnzimmer zieren ein paar Bilder, vier Stühle und ein Tisch mit einer herrlichen Spitzendecke. So als wäre sie gerade zu einem kurzen Besuch nach Lüderitz unterwegs und käme gleich wieder.

Das erste Röntgengerät Afrikas wurde hier installiert. Wer aber denkt, es diente der medizinischen Diagnostik der Einwohner, der irrt sich – gewaltig. Das Gerät war ausschliesslich zur Kontrolle der schwarzen Minenarbeiter gedacht, um Diamantenschmuggel zu verhindern.

Unser deutsch sprechender Führer erklärt uns in launigen Worten die damaligen Sicherheitsvorkehrungen.

Auch damals waren die Deutschen schon dafür bekannt, wenn schon, dann machen sie es ganz genau.

Wenn diese Arbeiter mal in ihre Freizeit entlassen wurden, beka-

Unterwegs im Süden Namibias

men sie erst einmal Rhizinus-Öl zu trinken und ihr Stuhl wurde anschliessend durch ein Sieb gefiltert. Sie hätten ja verschluckte Diamanten aus dem Lager entführen können.

Wenn sie über den heissen Sand kriechend die wertvollen Steine suchten, mussten sie einen Mundschutz tragen.

Jedoch die Schwarzen waren auch findig. Sie versuchten es mit Schmuggel durch Brieftauben. Doch die Deutschen bekamen schnell Wind davon. Das Mitbringen von Brieftauben wurde untersagt.

Der Weltkrieg führte zu keiner Unterbrechung der Diamantensuche. Im Jahr 1920 verkaufte Stauch seine Gesellschaft an die Südafrikaner. In den Jahren 1927 – 1928 kam noch das Kasino-Hauptgebäude hinzu. Die gesamte Einrichtung einschliesslich einer Kegelbahn kam wieder aus Deutschland.

Wie in früheren Schulzeiten kommt man sich vor, wenn man die Turnhalle betritt. Barren und Pferd wie dereinst im Turn-Unterricht, allerdings vom Zahn der Zeit schon etwas abgewetzt, so als hätten die Kolmannskuppe-Bewohner heftig dem Freizeit-Sport nach Turnvater Jahn gefrönt.

Ein grosses Bild von August Stauch ziert die Turnhalle.

Als weiter südlich grössere Diamanten gefunden wurden, verliess man sukzessive Kolmannskuppe. Im Jahr 1956 machte der letzte Bewohner „das Licht aus".

Heute ist Kolmannskuppe eine wahre Geisterstadt, die nur noch zu bestimmten Zeiten von Touristen besucht wird.

Am Eingang prüft ein Wächter Eintrittskarten und Papiere. Zweimal findet morgens eine Führung statt.

Der ständig wehende Wind hat den Sand zwischen und an die Häuser getrieben. Will man die einzelnen Häuser ausserhalb des zentralen Kasinogebäudes besichtigen, muss man mühsam durch den Sand stapfen. Alle Häuser sind offen, das eine oder andere enthält noch eine ramponierte Badewanne. Viele machen allerdings den Eindruck, als hätte man sie resigniert dem Sand übergeben. Betreten erfolgt auf eigenes Risiko.

Wer müde ist von Hitze und Staub kann sich in der kleinen Geisterstadt-Taverne erfrischen.

Es wurde kolportiert, man sollte sich hier tunlichst nicht bücken und im Sand scharren. Es hätten ja Diamanten sein können, die man gefunden hat.

Kaum vorstellbar, dass hier Menschen, ja ganze Familien längere Zeit trotz aller Wohltaten, die man ihnen anbot, ausgeharrt haben.

Augenscheinlich ist es oft die Aussicht auf schnellen Reichtum, der den Menschen zum Ertragen widriger Umstände motiviert. Bei allen Goldgräbern ist kaum anders gewesen.

Unterwegs im Süden Namibias

Lüderitz

Schon auf unserer ersten Reise war ich neugierig auf Lüderitz, leider lag der Ort zu weit abseits von unserer vorgesehenen Reiseroute. Namibia ist zu gross für kurze Abstecher. Daher war es bei der Planung der jetzigen Reise eine Bedingung, Lüderitz in das Programm einzubeziehen.

Die letzten Kilometer von der Kolmanns-Kuppe aus zeigen rechts und links wandernde Dünen, meistens in Sichelform. Der unaufhörliche Wind, der sich zumeist am Nachmittag steigert, bläst den Sand der südlichen Namib-Wüste hier zu hohen Dünen zusammen.

Die eigenartige Sichelform entsteht wohl dadurch, weil der meist aus einer Richtung blasende Wind den Sand mehr über die niedrigen Seitenenden der Dünen bläst als über das Mittelteil.

Die Strasse ist schon teilweise jetzt am späten Vormittag mit Sand bedeckt, am Nachmittag bei unserer Rückfahrt nach Aus war die Strasse oft völlig mit Sand bedeckt.

Das schafft Arbeitsplätze und mit speziellen Fahrzeugen ist man ständig dabei, die Zufahrt nach Lüderitz zu gewährleisten. In der Geschichte der Entwicklung des modernen Namibias spielt Lüderitz eine entscheidende Rolle.

Vor der moderneren Zeit war es der Portugiese Bartholomeus Diaz, der am 25. Juli 1488 die Gegend von Lüderitz erreichte.

Auf einer kleinen Anhöhe liess er zum Andenken an diesen Tag ein Kreuz errichten. Mitte des 18, Jahrhunderts soll dieses Kreuz von Schatzsuchern zerstört worden sein, da sie darunter Schätze vermuteten.

Im Jahr 1821 wurde das Kreuz von einem englischen Schiffsoffizier gesichtet und in die Seefahrts-Karten dieser Bucht eingetragen. Im Jahr 1883 liess Adolf Lüderitz ein Holz-Kreuz anfertigen, später wurde es durch ein Marmor-Kreuz ersetzt.

Auf Schotterpisten geht es kurz vor Lüderitz bis zu der Bucht, die die Portugiesen als Angra Pequeña (Kleine Bucht) bezeichneten.

Die Holzbrücke, die zu der kleinen Berginsel führte, war zerstört. Man hätte auf den Hügel steigen können, doch die Kälte und der starke Wind hielten uns davon ab. Nur der Fotoapparat fing diese Sehenswürdigkeit ein.

Nebenan sah man eine kleine Insel mit Guano bekleckert, früher einmal eines der Hauptexport-Produkte der Gegend, bis der Kunstdünger diese „Produktion" ein wenig unrentabel machte.

Im Jahr 1883 begann die deutsche Besiedelung Namibias. Heinrich Vogelsang, als Abgesandter des Bremer Kaufmanns Franz Adolf Eduard Lüderitz landete hier in der Bucht. Er kaufte dem Nama-Häuptling Joseph Fredericks ein Gebiet im Umkreis von fünf Meilen um die Bucht ab. Der Preis: 10.000 Mark und 260 Gewehre.

Im Jahr 1884 wurde das Gebiet unter die Verwaltung des Deutschen Reiches gestellt. Im Jahr 1885 verkaufte Lüderitz sein Gebiet an die Deutsche Kolonialgesellschaft.

Er war ein unternehmungslustiger Mensch. Im Jahr 1886 ging er auf einer Schiffstour südlich von Lüderitz verschollen. Die ganze Küste ist ohnehin ein regelrechter Schiffsfriedhof.

Unruhe entstand durch die Nama- und Herero-Aufstände.

Die Deutschen brachten schliesslich 1600 Gefangene auf die vor der Küste liegende Haifisch-Insel, eine drakonische Strafaktion, die viele der auf engstem Raum zusammengepferchten Gefangenen nicht überlebten.

Im Schnellst-Tempo wurde im Jahr die Eisenbahnlinie bis Aus vollendet, um die ständig wachsenden Einfuhren aus der Heimat besser ins Binnenland transportieren zu können, im Jahr 1908 ging die Eisenbahn sogar bis nach Keetmanshoop.

Eine grandiose Leistung, wenn man die Umstände des langen Antransports der Bauteile aus Deutschland und vor allem die Hitze bedenkt.

Die Woermann-Schifffahrtslinie dürfte daran einen enormen Profit eingefahren haben.

Durch den Diamantenrausch in der Kolmanns-Kuppe erfuhr Lüderitz einen weiteren Impuls.

Denn alle Rohstoffe und Nahrungsmittel für das grösser werdende Diamanten-Zentrum mussten weitgehend aus Lüderitz besorgt werden.

Der Ort selbst erinnert mit seinen vielen Jugendstilbauten an die wilhelminische Zeit um das Jahr 1900.

Als erstes besichtigten wir die Felsenkirche – leider nur von aussen, da sie erst am späten Nachmittag für Besucher geöffnet war.

Sie ist irgendwie das prägende Gebäude von Lüderitz. Sie wurde 1912 eröffnet. Die Glocken stammen aus der berühmten Glockengiesserei Franz Schilling und Söhne aus Apolda. Daher stammen übrigens auch die Glocken der Christuskirche in Windhoek.

Ein weiteres Glanzstück aus dieser Zeit ist das Goerke-Haus. Ein Deutscher baute es mit den Einnahmen durch die Diamanten-Gesellschaft.

Nach einem Überblick über die ganze Stadt erleben wir noch eine Führung durch eine Austern-Zucht-Anstalt – oder soll man gleich sagen, Austernfabrik.

Der kalte Benguela-Strom und das saubere Meereswasser mit seinem reichen Plankton-Gehalt schaffen ideale Bedingungen dafür.

Wir sind jedoch keine Austern-Fans und haben uns die Erklärungen über die Zucht, das Wachstum und die verschiedenen Grössen mit ihren Namen ohne allzu grosses Interesse angehört.

Lüderitz versucht sein Bild in der Welt zu verbessern, aber dazu braucht es wohl noch viel Zeit und mehr Engagement.

Zwei Deutsche, die wir im Bahnhof-Hotel in Aus trafen und die gerade aus Lüderitz zurückgekehrt waren, meinten, das wäre ja wie ausgestorben. Ihre Ausdrucksweise war zwar etwas drastischer, aber das vergessen wir mal. Sie hatten Pech, denn am Sonntag sind sämtliche Restaurants geschlossen. Für uns Deutsche natürlich ein grosses Manko. Gerade am Sonntag geht man doch gern einmal auch mit der Familie aus.

Uns war mehr Glück beschieden.

Im Ritzi's an der Lüderitz Waterfront gab es hervorragenden Fisch. Das Wort Waterfront klingt zwar etwas bombastisch, aber dem ist nicht so. Nur wenige Geschäfte und Lokale sind zu finden. Der Tourismus muss noch entwickelt werden. Aber dazu gehört ein wenig Engagement - jetzt lese ich in der Allgemeinen Zeitung, dass man Lüderitz umbenennen will. Dieser Ort ist aber ein Meilenstein der modernen Geschichte Namibias. Tradition ist manchmal ein nicht zu unterschätzender Faktor!

Einige Aufschriften an Häusern, die wir noch passieren, erinnern an früher:

Lesehalle, Turnhalle, Woermann-Linie.

Der vom Meer kommende Wind wird etwas ungemütlicher. Die Strasse nach Osten in Richtung Aus ist in der Nähe von Lüderitz bereits mit Sand bedeckt. Man sieht richtig, wie sich der Sand durch den Wind getreiebn vom Gipfel der Dünen ablöst und sich auf der Strasse verteilt.

Aber ein Vierrad-Antrieb ist noch nicht nötig.

Den Abend verbringen wir wieder bei einem gemütlichen Menu im Restaurant von Klein Aus Vista.

Unterwegs im Süden Namibias

Rhein-Romantik in der Wüste

Durch eine reizvolle Landschaft geht es von Aus über den kleinen Ort Helmeringhausen weiter nach Norden.

Das kleine gepflegte (einzige) Hotel im Ort wirbt mit der „Besten Apfeltorte in Namibia".

Das muss man probieren. In der Tat, nicht schlecht. Das Besitzer-Ehepaar soll aus Deutschland stammen, daher wohl dieses nostalgische Angebot.

Ich bewundere immer Menschen, die den Mut haben, aus einer wie immer gearteten Zivilisation auszubrechen und ihr Glück in einer völlig neuen Gegend zu versuchen.

Man darf aber als sicher annehmen, dass man sich vorher nach näherer Besichtigung diesen Schritt gründlich überlegt hat. Denn die nächste grössere Stadt ist weit.

Weiter geht es zu einem ungewöhnlichen Anziehungspunkt in der Gras-Steppe.

Das Schloss Duwisib!

Was macht ein deutscher Schutztruppenoffizier in Namibia, wenn er eine Millionärin zur Frau hat? Er überlegt sich, wie er sich mit dem Geld seiner Frau ein Denkmal setzen kann. Fairerweise muss man hinzufügen, ihr natürlich auch.

Da es zur Zeit des Kaisers Wilhelm II war, sollte es schon etwas ganz Besonderes sein. Es könnte ja sein, dass seine Majestät der Kaiser sich einmal die eigenen Kolonien anschauen kommt. Dann muss die Unterkunft auch standesgemäss und hochherrschaftlich sein.

Baron Hansheinrich von Wolf war Offizier der Deutschen Schutztruppe. Seine amerikanische Frau Jayta stammte aus den USA. Nach dem Tod ihres Vaters heiratete ihre Mutter erneut, und zwar den amerikanischen Konsul in Dresden. Dort lernte Jayta auf einer Ver-

Sossusvlei und Fishriver-Canyon

anstaltung ihren Mann Baron von Wolf kennen. Die tatsächliche Motivation für den Bau des Schlosses Duwisib ist nicht überliefert. Im Jahr 1907 kauften die beiden die Farm. Bei den beiden reifte wohl der Plan für etwas Aussergewöhnliches, für etwas Extravagantes. In den deutschen Adelskreisen sollte man darüber reden. Im Jahr 1908 baute der Architekt Wilhelm Sander nach den Wünschen des Ehepaares das Schloss mitten in die Dornbusch-Savanne, abseits jeglicher grösserer Orte. Die roten Steine wurden in der Nähe gebrochen. Das gesamte Mobiliar kam aus Deutschland und würde mit Ochsenkarren von Lüderitz hierher gebracht.

Wenn man selbst einmal diese Strecke gefahren ist, kann man vor dieser Leistung nur den Hut ziehen.

1979 erwarb die spätere namibische Regierung das Schloss. Heute ist es ein Museum.

Ein kleiner Umweg war es uns wert, das Schloss zu besichtigen. Denn wo gibt es noch einmal etwas Derartiges. Höchstens in Disney Land.

Es verlieren sich nicht allzu viele Touristen hierher. Der Wächter vor dem Eingang kam gleich auf uns zugelaufen, um uns vor dem Schloss zu fotografieren.

Das Schloss ist im neuromanischen, wilhelminischen Stil erbaut und zeugt im Inneren noch von Vornehmheit und Würde, kaiserlich-preussisch eben.

Man hat im Inneren einige grosszügige Zimmer eingerichtet. Einige mit Badezimmer, einige mit Gemeinschafts-Bad. Gäste sind willkommen. Auch die Küche ist mit allem modernen Gerätschaften ausgerüstet.

Gern hätten wir eine Übernachtung eingeschoben – doch unser gebuchter Plan hiess: Fahrt nach Sossusvlei.

Im Wohnraum hängen noch die Bilder vom Baron und seiner Frau. Der Wächter zeigt auf den Bart des Barons und dann auf meinen.

Er meint lachend, wenn ich so sein wollte, müsste ich meinen Bart noch etwas hochzwirbeln.

Das waren damals noch Bärte! Später kam dann einer mit einem kurzen Bart – nicht eben zur Freude der Völker Europas.

Der Baron kaufte noch einige umliegende Farmen hinzu und auf diesem 55.000 ha grossen Gelände züchtete er Pferde, Rinder und Schafe.

Leider war dem Paar keine allzu lange eine Freude an dem Schloss gegönnt.

Im Jahr 1914 brachen beide nach England auf, angeblich um neue Pferde zu erstehen. Der Erste Weltkrieg überraschte sie. Als echter Patriot meldete sich Baron von Wolf bei der deutschen Armee. Er fielt 1916 in der Schlacht an der Somme.

Seine Frau kehrte nie wieder nach Namibia zurück und erhob zudem keine Besitzansprüche auf das Schloss. Sie erlebte noch den Zweiten Weltkrieg und starb 1964 in den USA.

Eine tragische Geschichte, fast reif für ein Film-Epos.

Hollywood, hier gibt es noch Stoff!

Aber haben wir in Deutschland nicht auch tüchtige Regisseure, die ein solches Thema auf die Leinwand oder zumindest auf den Bildschirm bringen können?

Sossusvlei und Fishriver-Canyon

Abb. 13 Ex-Diamantenstadt Kolmannskuppe

Abb. 14 Das Wohnzimmer der früheren Ladenbesitzerin

Abb. 15 Kolmannskuppe: Die zerfallenen Häuser im Dünensand

Abb. 16 Felsenkirche in Lüderitz

Abb. 17 Häuser aus der Kaiserzeit

Abb. 18 In der Nähe vom Kreuz des Bartolomeus Diaz:
Schwerer Stein an einem Seil mit humorvoller Inschrift

**Wasserfelsen
Lüderitzbucht**

Wenn er nass ist - regnet es
Weiss - es schneit
Pendelnd - es ist windig

Liegt am Boden - das Seil ist gerissen
Er ist verschwunden - es gab einen Tornado
                - oder einer hat ihn gestohlen

Abb. 19 Schloss Duwisib

Abb. 20 Zeltbungalows in der Sossusvlei Lodge

Sossusvlei und Fishriver-Canyon

Abb. 21 Düne 45 im Sossusvlei

Abb. 22 Frühstück im Sossusvlei unter Kameldornbäumen

Abb. 23 Vertrocknete Kameldornbäume im Deadvlei

Abb. 24 Trockene Landschaft im Deadvlei

Abb. 25 Ausflug mit einem Katamaran auf die Lagune von Walfisch Bay - Pelikane als aufmerksame Zuhörer

Abb. 26 Strand von Swakopmund mit der „Jetty" (Holzbrücke) im Hintergrund

Abb. 27 Moderne Mädchen in Swakopmund auf der „Jetty"

Abb. 28 Bild des Kaisers im Hotel „Zum Kaiser"
in der früheren Kaiser-Wilhelm-Strasse

Sossusvlei und Fishriver-Canyon

Abb. 29 „Martin Luther" in der Nähe von Swakopmund
Foto aus dem Jahr 1998

Abb. 30 Die Christus-Kirche in Windhoek

Unterwegs im Süden Namibias

Abb. 31 Wellblech-Siedlung in der Nähe von Windhoek

Abb. 32 Oryx-Antilopen in der Kalahari

Abb. 33 Staatswappen von Namibia

Sossusvlei

Das Wort ist eine Kombination aus Nama- und Afrikaans-Sprache. „Sossus" enstammt dem Nama-Dialekt und bedeutet so viel wie „Sammelstelle für Wasser". „Vlei" ist Afrikaans und bezeichnet eine „Mulde, die in der Regenzeit mit Wasser gefüllt ist". Ein Vlei, unabhängig von seiner Grösse, wird auch als Pfanne bezeichnet, wie beispielsweise die Etosha-Pfanne im Norden.

Mit Sicherheit eines der Höhepunkte einer Namibia-Reise. Aber es heisst früh aufstehen. An der Reception der Sossusvlei Lodge, die gleich in der Nähe zum Eingang des Sossusvlei Gebietes liegt, erhalten wir unser Frühstückspaket.

Wir stehen wie damals um 7.45 Uhr als erster Wagen vor dem Tor. Aber der Wächter lässt sich nicht erweichen und öffnet vorschriftsmässig das Tor erst um 8 Uhr.

Vom Tor bis zu der eigentlichen Dünen-Landschaft sind es noch siebzig Kilometer – aber die Strasse ist jetzt asphaltiert.

Mit leichter Sorge blicken wir nach Osten. Am Horizont liegt eine leichte Wolkenformation.

Es wäre schade, wenn sich die Sonne nicht zeigen würde, denn erst durch das Sonnenlicht zeigt sich am Morgen die Farbenpracht der Dünen. Auf der einen Seite die Farben Gelb, Orange bis Rot, von der Sonne bestrahlt, auf der anderen Seite der tiefschwarze Schatten.

Dieses einmalige Farbenspektakel ist eines der grossartigsten Eindrücke im südlichen Namibia. Das Spiel der Farben reicht von Ocker bis Orange, von bräunlichen Tönen bis fast zum Ziegelrot. Es ist abhängig von der Tageszeit. In der Mittagszeit wirken die Farben wenig attrakiv, aber in der Morgenstunde bei tiefstehender Sonne oder am Abend entwickeln sie ihre grösste Intensität.

Also heisst es Daumendrücken und hoffen.

Die ersten Dünen sind erreicht, spektakulär die Düne 45, die zum Besteigen frei gegeben ist – aber das Licht der Sonne könnte noch etwas besser sein.

Beim ersten Parkplatz wird die Sonne heller, durchbricht die dünnen Wolken und lässt die Farben erstrahlen.

Nicht auszudenken, würde man das Pech haben und die Dünenlandschaft bei bedeckten Himmel erleben zu müssen.

Ab hier, dem sog. 2 x 4 Parkplatz, kann man nur mit dem Geländefahrzeug weiter fahren, denn die normalen Autos bleiben im Sand stecken.

Unser Fahrer Uwe schaltet den Allrad-Antrieb ein und in schlingernder Fahrt wühlen wir uns regelrecht die letzten fünf Kilometer durch die sandigen Piste bis zum Endpunkt.

Der erste Fussmarsch führt uns zum sogenannten Deadvlei. In dieser Sandpfanne stecken viele vertrockne Kameldornbäume. Sie vermitteln so etwas wie Endzeitstimmung. Als wäre ein kleiner Asteroid auf die Erde geprallt und hätte alles verbrannt.

Für Fotografen ist es ein Motiv-Eldorado. Die schwarzen abgestorbenen Bäume auf dem weisslich-grauen Trockenboden, umgeben von den roten Dünen und meist darüber der blaue Himmel. Welch ein Glück, dass man heutzutage Digital-Kameras hat und mit den Fotos nicht sparen muss.

Inzwischen meldet sich der Hunger, da wir ohne Frühstück aufgebrochen sind. Die Lodge hat uns überreichlich mit allem eingedeckt und wir machen hier umringt von Dünen unter einem Kameldornbaum ein wahrhaft ausgiebiges Frühstücks-Picnic.

Alles wird wieder ordentlich verstaut und wir fahren noch einen Kilometer weiter bis an eine grosse Düne, die Uwe als Big Mama (Big Daddy ist auf der anderen Seite unseres Frühstücksplatzes) klassifiziert.

Sossusvlei und Fishriver-Canyon

Wie beim letzten Mal reizt mich der Aufstieg. Einige Touristen kommen mir barfuss entgegen. Ich ziehe die Wanderschuhe vor, denn der Sand wird ziemlich heiss.

Von oben zeigt sich ein phantastischer Ausblick. Wie klein unten alles ist: Die wenigen Menschen, die Bäume, die Büsche.

Das Stapfen durch den Dünensand hat sich gelohnt.

Die Sonne steigt höher und die reizvollen Farb-Schattenspiele der Dünen verlieren ihren morgendlichen Charme – für den Fotoapparat auf jeden Fall.

Der Trockenfluss Tsauchab hat es in manchen Jahren bei starken Regenfällen bis zum 2x4 Parkplatz geschafft, selten weiter bis zum eigentlichen Vlei.

Im Jahr 2008 schaffte es der Tsauchab letztmalig nach ergiebigen Regenfällen bis zum 2 x 4 Parkplatz.

Über die Höhe der Dünen gibt es unterschiedliche Betrachtungen. Das Vlei selbst liegt 570 Meter über dem Meeresspiegel. Die Dünen erreichen darüber Höhen bis 350 Meter. Das hört sich nicht so spektakulär an, aber wer selbst einmal auf eine der hohen Dünen gestapft ist, der weiss um die Mühe.

Auf dem Rückweg fahren wir noch am Einstieg zum Sesriem Canyon vorbei. Man kann durch den Canyon wandern, der rund 30 Meter tief ist und unten mit Bäumen und Büschen bewachsen ist. Selbst an den steilen Wänden krallen sich einige Pflanzen fest.

Der Name Sesriem ist afrikaans (zu deutsch Sechsriemen) und geht zurück auf eine Zeit, als frühe Siedler Wasser aus dem Tsauchab schöpften. Vom Rand des Canyon wurden Eimer an sechs verknoteten Ochsenriemen vom Rand des Canyons herabgelassen und mit Wasser gefüllt wieder hochgezogen.

Die Sonne ist jetzt fast am Zenit. Wegen der Hitze ersparen wir uns ein kurze Wanderung durch den Canyon und ziehen einen Mittagsschlaf in unserem geräumigen Zelt-Bungalow vor.

Unterwegs im Süden Namibias

Die Abende im Restaurant unter dem Himmel des Südens sind immer wieder eindrucksvoll. Die Küche ist hervorragend. Ein grosses Buffet. Sogar eine exzellente Linsensuppe wird angeboten, die der Koch auf meinen Wunsch am nächsten Abend noch einmal präsentiert.

Unser Fahrer ist Dauergast am Grill und lässt sich das Fleisch von Oryx, Kudu, Strauss, Rind, Schwein und Lamm schmecken.

Der Weisswein ist stets nicht genug gekühlt, aber der finnische Food-and-Beverage-Manager sagt mir, dass es für sie schwer sei, hier draussen sämtliche Weissweinsorten ausreichend kühl zu halten. Aber der Barkeeper legt mir die Flasche für den Abend extra ins Eisfach.

Insgesamt hat sich die Sossusvlei Lodge gegenüber dem letzten Mal erheblich vergrössert. Viele Touristen zieht es hierher, da der Anfahrtsweg zum Sossusvlei von den anderen Lodges in der Umgebung wesentlich weiter ist.

Die Weiterfahrt nach Norden geht über Solitaire. Nomen est omen.

Viel los ist in dem kleinen Flecken nicht. Ein paar Häuser. Eine Tankstelle. Ein winziger Supermarkt.

Das interessanteste sind die kleinen Erdmännchen, die man von dem Parkplatz beobachten kann. Kopf heraus gestreckt – und bei geringsten Anzeichen von Gefahr verschwinden sie blitzschnell in ihren Löchern.

Auf der Weiterfahrt lesen wir ein Schild mit dem Namen Rostock Ritz Desert Lodge. Ein grosses Bild auf dem Plakat preist die Vorzüge der Lodge. Wir wundern uns über den namen „Rostock". Ein Versehen oder Schreibfehler - eigentlich sollte es Rotstock heissn Dann liess man es aber bei diesem Namen. Gern hätten wir einen Blick hinein geworfen, aber es ist noch einiges an Weg bis zum Gebäude der Lodge.

Die Namib-Wüste und der Namib-Nauklutt-Park

Von dieser Wüste hat das Land Namibia seinen Namen.
Man sagt, sie sei die älteste Wüste der Welt. Ich kann es nicht nachprüfen und übernehme daher kritiklos diese Aussage.
Eines ist sie mit Sicherheit: Sie ist eine ausgesprochen unwirtliche Region. Die Temperaturunterschiede können zwischen Tag und Nacht extrem sein: Von plus 60 Grad am Tag bis unter Null in der Nacht.
Jahrelange Trockenzeiten ohne Regen sind keine Seltenheit und verlangen den endemischen Pflanzen und auch Tieren äusserste Anpassung ab.
Die Wüste erstreckt sich über 2000 Kilometer vom Oranje-Fluss im Süden bis hoch nach Angola.
Die Breite beträgt maximal 200 Kilometer.
Es ist eine interessante Wüste, da sie sich über verschiedene Klimazonen erstreckt. Im Westen grenzt sie an den Atlantik mit seinem kalten Benguela-Strom, der das kalte Wasser von der Antarktis nach Norden transportiert.
Die Küstenregion der Namib ist daher kühl und sehr oft neblig. Im wärmeren Landesinneren gibt sie sich trocken und heiss.
Das Gesamtgebiet der Namib umfasst 33.000 Quadratkilometer.
Einen Vergleich mit der dreissigmal grösseren Sahara kann die Namib nicht bestehen, denn es gibt in ihr keine typischen Oasen mit Palmen und Kamelen. Nur die Bereiche der Trockenflüsse zeigen, besonders nach Regenfällen, einen oasenartigen Charakter mit viel Grün. Die Pflanzen ziehen mit langen Wurzeln das Wasser aus der Tiefe.
Der gesamte Namib-Nauklutt-Park, der in den letzten neunzig Jahren ständig erweitert wurde, umfasst einen Teil der Namib-Wüste und erstreckt sich von der Höhe Swakopmund bis hinunter zur

Unterwegs im Süden Namibias

Strasse, die nach Lüderitz führt. Mit seinen 50.000 Quadratkilometern zählt er zu den grössten Naturschutzgebieten der Welt.

Der Sossusvlei und der Sesriem Canyon sind ein Teil dieses Gebietes.

Sossusvlei und Fishriver-Canyon

Kriegsflüchtlinge

Auf dem Weg von Aus nach Swakopmund passieren wir eine felsige Region – das Gebiet des Kuiseb Riviers.

Ein Anlass, an ein Ereignis bzw eine Geschichte von früher zu erinnern.

Die Weltlage spitzte sich wieder einmal zu. In Europa begann der Zweite Weltkrieg mit dem Polenfeldzug und England erklärte Deutschland den Krieg. Damit war Südafrika ebenfalls zum Kriegseintritt verpflichtet.

In Namibia, nach dem Ersten Weltkrieg südafrikanisches Mandatsgebiet, begann man damit, deutsche Männer in Internierungslager nach Südafrika zu schicken.

Zwei deutsche promovierte Geologen, Hermann Korn und Henno Martin, hatten sich im Jahr 1935 nach Südwest eingeschifft und waren dort in vielen interessanten Regionen mit ihren Untersuchungen tätig.

Sie hatten die etwas gleichgeschalteten deutschen Universitäten verlassen und hofften hier auf eine freie, unpolitische Forschungstätigkeit.

Mit Misstrauen schauten sie daher am Beginn des Krieges auf die zunehmende Internierungstätigkeit der südafrikanischen Behörden.

Was bedeutete ein Internierungslager für sie?

Untätigkeit, Langeweile, Monotonie – kurzum Abgestumpftheit.

Da prägten sie den schon vor Kriegsbeginn geäusserten Satz; „Wenn es Krieg gibt, gehen wir in die Wüste!"

So lautet auch der Titel von Henno Martins Buch (s. Literaturangebe am Schluss).

Bei unserer ersten Reise hatte ich mir das Buch gekauft und begann es auf der teilweise langweiligen Fahrt von Sossusvlei nach Swakopmund zu lesen.

Unterwegs im Süden Namibias

Das Lesen im VW-Bus war dem Buch nicht allzu gut bekommen – Eselsohren, lockere Seiten, etc. Daher habe ich es in der Boutique von Klein Aus Vista noch mal gekauft – und noch einmal mit viel Interesse gelesen – diesmal zu Hause.

Die beiden beschlossen der Gefahr der Internierung zu entgehen und machten sich mit viel Ausrüstung, Proviant sowie ihrem Hund Otto mit ihrem Auto auf in das Gebiet südöstlich von Swakopmund, das sie von ihrer Forschungstätigkeit gut kannten.

Doch die Flucht musste so gelegt werden, dass sie unterwegs von den Farmern nicht gesichtet wurden. In den einsamen Gegenden fällt ein kleines Lastauto natürlich auf und erregt schlimmstenfalls Argwohn. Gerade in solchen unsicheren Zeiten.

Im Gebiet des Riviers Kuiseb, der sich tief in den felsigen Untergrund eingegraben hatte, fanden sie ein geeignetes Versteck vor eventuellen Verfolgungen der südafrikanischen Polizei-Behörden. Auf unser ersten Reise nach Namibia hat uns unser damaliger Fahrer Wilfried die Verstecke gezeigt, in denen die beiden rund zweieinhalb Jahre ihr Leben gefristet haben. Anders kann man es nicht bezeichnen.

Die Höhlenwohnung kann man auch heute noch besichtigen.

Mit der Autobatterie betrieben sie einen kleinen Radioapparat, so dass sie über die entmutigenden Ereignisse in Europa ständig informiert waren.

Hunger, Durst, Erschöpfung, Müdigkeit, Anflüge von Depression – das waren ihre häufigen Begleiter. Aber sie hielten durch.

Das wichtigste war in dieser Zeit die Beschaffung von Nahrung und Wasser, denn ihr mitgenommener Proviant war nicht auf Jahre ausgelegt.

Um dem Leser ein wenig die Umstände und die Stimmung der beiden zu vermitteln, hier drei Stellen aus ihrem umfangreichen Buch, das ich jedem Namibia-Reisenden aufs wärmste empfehlen möchte:

Wüstenalltag

Der Westwindeinbruch hatte uns wieder kühlere Tage beschert. Wir hatten die Karpfen geräuchert und einen Tag damit zugebracht, die Ergebnisse der Canyonvermessung aufzuzeichnen. Beim Wasserholen hatten wir mit Freude gesehen, dass die Radieschen im neuen Garten schon zu keimen begannen.

Unsere Mägen verlangten nach Abwechslung. Die Kartoffeln waren aufgebraucht, auch die Zwiebeln waren verzehrt, und von den Apfelsinen waren nur noch getrocknete Schalen übrig, mit denen wir unseren morgendlichen Mehlpapp würzten. Seit wir den alten Garten abgeerntet hatten, hatten wir nichts Frisches mehr zu essen bekommen. Wir hatten beide des öfteren hässliche Migräneanfälle, und das ständige Hungergefühl wurden wir auch nach dem Essen nicht los. Wir waren uns klar darüber, dass diese Erscheinungen auf Vitaminmangel zurückzuführen waren. Da konnte nur rohes Fleisch helfen; vielleicht sollten wir zwischendurch auch Blut zu uns nehmen. Alle Raubtiere trinken Blut. Nansen hatte bei seiner Überwinterung im Eismeer Eisbären in Gestalt von Blutpfannkuchen zu sich genommen. Vielleicht konnten wir es zur Abwechslung auch einmal mit dem Wurstmachen versuchen.

Als Hermann bald darauf am grossen Südplateauwechsel einen feisten Gemsbock mit Kopfschuss erlegte, brachte er gleich eine Feldflasche voll Blut mit. Wir buken das Blut in der Pfanne mit viel Salz und Pfeffer. Es ging auf wie ein schaumiges Omelett und sättigte so, dass wir den Pfanneninhalt kaum bewältigen konnten. Der geplanten Wurst zuliebe quetschten wir die grösseren Därme aus, wuschen und wendeten sie und bewahrten sie in einer Schüssel mit Salzlauge auf.

Und nun feierten wir Schlachtfest in unserer Höhle. Zum Frühstück aßen wir gesottene Zunge und Nieren. Dann begannen wir mit dem Wurstmachen. Wir drehten Waschschüsseln voll Fleisch und auch etwas Fett durch die kleine Mühle und würzten den Teig mit Salz, Pfeffer, Paprika und etwas Zucker. Auf den Zucker hatte mich Hermann aufmerksam gemacht, der immer großes Interesse für kulinarische Dinge zeigte. Im Laufe des Tages aßen wir immer wieder von dem rohen, gutgewürzten Teig. – Es war dann gar nicht so einfach, die Därme mit dem Finger gleichmäßig zu stopfen. Aber als wir uns am Abend zu Leberklößen und Sauerkraut niederließen, blickten wir trotzdem stolz auf die lange Reihe grosser und kleiner Würste, die an der Höhlenwand hingen. Zwei Büchsen mit ausgebratenem Fett standen zum Abkühlen auf einem Felsen, und Otto raspelte fröhlich an einem Unterbein herum.

Wir räucherten noch in der Nacht, und zwar scharf, warm und kurz, wie wir es bei den Fischen gelernt hatten. Nach einer Stunde nahmen wir die Würste aus dem Ofen und hängten sie wieder ins Freie, so dass sie bis zum Morgen gut auskühlen konnten. Auch das andere Fleisch musste schnell verarbeitet werden, denn die Tage waren warm, und es gab viele Schmeissfliegen. Hermann briet deshalb gleich am nächsten Tag das ganze Fleisch an, und ich holte Wasser und Tamariskenstangen und baute mit Hilfe eines alten Moskitonetzes einen fliegensicheren Schrank an die Höhlenwand. Die Schrankfächer verfertigte ich aus den halb verwitterten Brettern einer Proviantkiste, die wir zusammen mit den Resten einer zusammengebrochenen Maultierkarre unter dem Plateau gefunden hatten. Wem die Kiste wohl gehört haben mochte? Einer deutschen Patrouille im Hottentottenkrieg? Einem Prospektor? Uns jedenfalls waren die Reste so wertvoll wie Robinson die Trümmer des gestrandeten Schiffes.

Ein Volk roter Zuckerameisen hatte sich bei uns eingenistet. Sie hatten ein Loch in der Felswand in unserem »Wohnzimmer« und unternahmen von dort aus ihre Raubzüge. Man traf sie überall an, und jede Jam- oder Zuckerbüchse, die nicht ganz fest schloss, war am nächsten Morgen voller Ameisen. Wir spritzten Petroleum in das Loch und versuchten es mit allen möglichen Substanzen zuzustopfen, aber wir wurden der Ameisen nie ganz Herr.

Mehr Spass machte uns ein Pärchen winziger Mäuse mit Schnurrbärten, die so gross waren wie das ganze Tier, und mit rosigen Ohren. Sie huschten abends umher und suchten nach irgendwelchen Resten, zuweilen sassen sie auch auf dem Steintisch und blickten uns aus grossen Augen an. Sie wirkten mit den weiten Pelerinen ihrer seidigen Schnurrhaare wie kleine Zwerge.

Immer gebrach es uns an Holz; wir hatten zuweilen schon mit Zebramist gekocht. Um diesem Übelstand abzuhelfen, beschlossen wir, dass zukünftig jeder von uns von jedem Gang, falls nicht Wasser oder Fleisch zu tragen war, ein Stück Holz mitzubringen hatte.

Die sanitären Anlagen, die nun einmal auch zum primitivsten Haushalt gehören, hatten wir uns unter einem benachbarten Felsüberhang, dessen Dach tagsüber Schatten spendete, eingerichtet. Eine freie Rutschbahn führte von dieser Örtlichkeit in die Tiefe hinab. Die starke Sonne und die trockene Luft sorgten für geruchlose Konservierung, bis zur Verwertung durch die verschiedensten Arten von Mistkäfern, die auch in der Wüste nicht fehlen. Trotzdem war es begreiflich, dass das Wild die nach Mensch und Hund duftende Nachbarschaft der Höhle mied. Ganz selten nur kamen nachts einmal Zebras vorbei, fremde Herden vermutlich, die die neuen Verhältnisse noch nicht kannten und jedesmal ihrer Erregung durch Prusten und Trampeln Luft machten.

Nur eine Klippspringerfamilie liess sich durch die zweifelhafte Nachbarschaft nicht stören. Sie bestand aus einem Bock und zwei Ricken. Wir hatten sie die »Höhlenklippspringer« getauft. Sie beobachteten uns oft von einer steilen Felsnase aus, wenn wir Wasser holen gingen. Manchmal sahen wir, wie sie an den spärlichen Sträuchern der Felshänge knabberten. Sie waren wie Leute, denen man regelmässig auf der Strasse begegnet und die man kennt, ohne ihre Namen zu wissen. Wir dachten nicht daran, sie zu schiessen, und hielten auch Otto davon ab, sie zu jagen.

So begann aus dem fremdartigen Abenteuer, auf das wir uns eingelassen hatten, allmählich schon Alltag zu werden. Wir fühlten uns schon „zu Hause". Freilich war es ein Alltag, der sich, wie bei Buschmännern und Raubtieren, ständig um Jagd und Beute drehte. Es war deshalb kein kleines Ereignis, dass unsere Wurst gut geraten war. Nur einige der dicksten Würste wurden sauer.

Das Wurstmachen hatte freilich unsere Salzvorräte stark angegriffen. Überhaupt hatten wir unseren Salzbedarf erheblich unterschätzt. Das war an sich nicht schlimm, denn Salz gehört zur Wüste wie Sand und Sonne. Bei der Verwitterung der meisten Steine entstehen Salze. Wird der Regenfall geringer, reichem sie sich im Boden an; salziges Grundwasser und salzige Quellen sind dann die Folgen. Nur ist nicht alles Salz, das man findet, als Kochsalz zu verwenden. Vor allem die Glimmerschiefer liefern immer einen grossen Prozentsatz an Bittersalz von hässlichem Geschmack und katastrophal durchschlagender Wirkung. Bittersalz gab es in unserer Gegend genug; verwendbares Salz dagegen hatten wir bisher nur bei den Stalagmiten im Canyon gefunden. Es wurde klar, dass wir eine grössere Expedition zur Salzgewinnung unternehmen mussten.

Vor Jahren hatten wir einmal grosse Salzkrusten und sehr viel Wild bei einer Quelle an den Goagosbergen gesehen. Das war gut und gern fünfzig Kilometer entfernt. Aber warum sollten wir nicht eine Salz- und Jagdexpedition mit dem Auto unternehmen? Wir zögerten lange, denn eine fünfzig Kilometer lange, frische Autospur bedeutete ein Risiko; ausserdem führte eine alte Pad an der Quelle vorbei, und auch das war ein wenig sympathischer Gedanke.

Da unsere Gespräche immer um Jagd und Essen kreisten, lag es nahe, dass wir uns in unseren Gedanken auch mit unseren Waffen beschäftigten. So hätten wir aus unserer Schrotflinte gern eine wirksamere Jagdwaffe gemacht. Schliesslich kamen wir auf die Idee, aus dem Schrot Kugeln zu gießen. Wir öffneten zwei Patronen, schmolzen die Bleikügelchen in einer Büchse und gossen das Blei in zwei rundliche Löcher im angefeuchteten Sand. Die unregelmäßigen Klumpen verarbeiteten wir dann mit dem Hammer zu schönen Kugeln. Die fertigen Erzeugnisse keilten wir zwischen hartgeklopften Papierklumpen wieder in die Hülsen. Voll Erwartung versuchten wir zwei Probeschüsse auf etwa zwanzig Meter Entfernung, wobei uns ein Brett als Zielscheibe diente. Beide Schüsse trafen, und die Löcher, die sie rissen, waren erfreulich gross. Ich stellte sofort fünf Kugelpatronen nach dem gleichen Muster her.

Hermann begann mittlerweile unter der zunehmenden Eintönigkeit unseres Lebens zu leiden. Seine erste Zuflucht war die schöne Geige, die während all der Monate unberührt in ihrem schäbigen schwarzen Kasten in einer Nische der Felswand geruht hatte. Oft spielte er, auf dem Steintisch sitzend, lange in die stille Nacht hinaus. Die alte Wüste hatte sicherlich nie solche Melodien vernommen. Das hohe Felsdach tönte unter den dunklen, sehnsüchtigen Rhythmen, und es war, als erklänge die Antwort aus der warmen Tiefe der Erde. Tanzend hoben sich die leichten, beschwingten Passagen zu den Sternen empor. Ich lauschte bekümmert, wusste ich doch, dass das schöne Spiel aus einer friedlosen Seele kam.

Am nächsten Tag gab Hermann sich kurz und sarkastisch. In der folgenden Nacht spielte die Geige so lange, dass ich darüber einschlief.

Und dann kam ein Sonntag. Wir erlaubten uns jeder ein Eckchen Schokolade. Plötzlich sah ich, dass Hermann auch dem Hund ein Stück gab, das so gross war wie unser beider Anteil. Er warf mir dabei einen schnellen Blick zu; zweifellos wusste er, dass mich dieses Verhalten irritieren würde; ja es schien ziemlich sicher, dass er es mindestens zum Teil aus diesem Grunde tat. Das war ein gefährliches Zeichen in unserer Einsamkeit. Ich sagte nichts, aber am Abend brachte ich das Gespräch auf die geplante Salzexpedition. Und diesmal blieb es nicht bei den vagen Erörterungen. Die Geige schwieg in dieser Nacht, und am nächsten Morgen rollten wir den Wagen aus seinem Versteck.

Arbeit

Ein Berg von Fleisch lag unter Häuten und Bettzeug auf dem Auto, er versprach uns Wochen ohne Hunger. Aber das Fleisch musste zunächst verarbeitet werden, und zwar so schnell wie möglich. Unter diesen Umständen war nicht daran zu denken, den Wagen wieder in die Autoschlucht zu bringen. Eine notdürftige Tarnung mit der Segelplane und ein paar trockenen Balsambüschen musste genügen. Bettzeug und Kochgeschirre, dazu über fünf Zentner Fleisch, Knochen und Häute mussten über den fünfhundert Meter langen Felspfad vom Auto zur Höhle getragen werden. Als wir es geschafft hatten, waren unsere Hemden bretthart von Blut und Schweiss, und jeder Platz in der Höhle war mit Fleisch bepackt oder behängt.

Worin sollten wir das viele Rauchfleisch pökeln? Wir hatten nicht genügend leere Benzinkanister. Wir konnten es auch nicht in der Haut pökeln, wie wir es bei dem Bullen gemacht hatten, denn hier fehlte der Sand, in den wir die Haut hätten eingraben können. Wir dachten schon nach einem geeigneten Felsloch Ausschau zu halten, als wir den Tropenkoffer entdeckten, der uns als Tisch diente. Als wir den Inhalt herausnahmen, stellten wir fest, dass der Koffer geplatzt war. Ich lötete ihn, während Hermann das Fleisch zerschnitt und alles Fett in der Waschschüssel sammelte.

Doch wie sollten wir das Fleisch pökeln und räuchern? Das Bullen-Rauchfleisch war zu salzig geraten, trotzdem waren einige Stücke davon verdorben. Jetzt war es viel wärmer und die Gefahr des Schlechtwerdens noch grösser. Wir glaubten zu wissen, dass vor allem Lymph- und Blutreste in Gefahr waren, leicht zu verderben. Konnten wir diese verderblichen Säfte nicht herauspressen, das Fleisch trockenpökeln und mit Steinen beschweren, um es dann kurz und scharf wie Fische zu räuchern? Es wäre freilich schlimm, wenn der Versuch missriete. Aber versalzenes Rauchfleisch ohne Zukost liess sich jetzt, da es warm wurde, kaum noch herunterwürgen; es musste versucht werden. Lagenweise packten wir die schönen roten Muskelstücke in den Blechkasten und streuten nur wenig Salz dazwischen. Auf das Fleisch legten wir Bretter von der gefundenen alten Proviantkiste und beschwerten das Ganze mit Steinen.

Nachdem die Arbeit getan war, musste noch der Springbock abgezogen und zerlegt werden. Es war dunkel, als wir unsere Betten gemacht hatten; dabei hatten wir noch nicht einmal daran gedacht, die Batterie aus dem Auto zu holen, um zu hören, was inzwischen in der Welt passiert war.

Am nächsten Tag brach die Achse der kleinen Fleischmühle. Die Reparatur nahm fast den ganzen Tag in Anspruch. Hermann briet das Markfett aus und begann, „Oxo" zu kochen, und wir räucherten noch bis Mitternacht. Als wir endlich ins Bett gingen, wussten wir immer noch nicht, was in der Welt vorging.

Am Morgen packten wir die gut ausgekühlten Rauchfleischstücke wieder in den Koffer und beschwerten sie noch einmal mit Steinen. Den ausgepressten Saft hatten wir weggeschüttet. Wir brachten das Auto in das Versteck und kamen mit der sorgfältig gesicherten Batterie zurück. Nachmittags dickten wir den Fleischextrakt weiter ein. Das ausgekochte Fleisch drehten wir durch die Mühle und trockneten es auf einem Pappkarton. Wenn man an die kümmerliche Weide der Tiere denkt, war unsere Ausbeute an Fett zweifellos gut. Wir erhielten eineinhalb Büchsen Markfett und etwas über vier Pfund anderes Fett.

Während wir bis tief in die Nacht hinein unsere Räucherarbeit fortsetzten, hörten wir Radio. London berichtete von dem Luftkampf um England, und Berlin schilderte begeistert den Anblick brennender englischer Städte. Würde hier die Entscheidung des Krieges fallen?

Viel näher berührte uns die Frage, wie es im Kuiseb aussehen mochte. War das Wasser weiter gesunken? Lebte unser kleiner Garten noch? Nach dem Frühstück stiegen wir in die Unterwelt hinab. Der Anblick unseres Wasserkolkes verschlug uns fast den Atem. Der Fischteich war nur noch eine schillernde Pfütze, auf der ein paar stinkende, von Fliegen bedeckte Karpfen trieben. Im Trinkwasserkolk war das Wasser so weit zurückgegangen, dass die Grenze, an der der Schotter des Rivierbettes den Fels überlagerte, frei lag. Nur an einer Stelle sickerte noch ein Wasserfaden aus dem Schotter in das tiefere Felsbecken hinab; er war so dünn, dass wir dachten, er müsse jeden Augenblick reissen.

Das war schlimmer, als wir erwartet hatten. Jeden Tag konnte der Wasserzufluss ganz aufhören. Ob es Sinn hatte, in der Nähe einen Brunnen im Kies zu graben? Würden wir etwa gezwungen sein, das Wasser aus einem der grösseren, weiter entfernten Kolke zu holen? Und wenn die auch austrockneten? Die dunklen Felswände begannen sich plötzlich gefährlich um uns zu türmen. Unheilvoll lastete die Sonne auf unseren Schultern. Wie oft wurde die Sonne nicht die Mutter des Lebens genannt! Hier in der Wüste war sie es wahrlich nicht.

Im Garten sah es etwas besser aus; das Wasser war hier nur wenig gesunken. Wir konnten sogar ein paar Radieschen ernten. Erfreulich waren zwei Beetreihen mit jungem Karottengrün und mit Mangoldblättern anzusehen; auch zwei zehn Zentimeter hohe Tomatenstauden betrachteten wir liebevoll.

Hermann glaubte ausserdem noch drei Tabakkeimlinge entdeckt zu haben. So fassten wir denn wieder etwas Mut und stiegen mit leichterem Herzen zur Höhle hinauf.

Wir mussten nun vor allem versuchen, das mitgebrachte Salz zu reinigen; unsere alten Vorräte gingen zu Ende. Wir gedachten das Salz aufzulösen, die Lösung langsam zu verdampfen und das Kochsalz zu ernten, bevor der Rest der Lösung verdampft war. Das Verdampfen wollten wir der Sonne überlassen.

In der kleinen Schlucht unterhalb der Höhle säuberten wir einen flachen Felskolk. Wir lösten das Salz in einem Benzinkanister auf und seibten die Lauge durch ein Tuch in die Felspfanne. Es ging etwa die Hälfte hinein. Schon am anderen Morgen waren die ersten kleinen Salzwürfel zu sehen, am Morgen darauf war der ganze Boden mit Salz bedeckt. Die Lauge darüber war ölig und brennend bitter. Das herausgelöste Salz klebte von der Bitterlauge. Wir wuschen es ab und waren, nachdem es getrocknet war, mit dem

Ergebnis unserer Arbeit recht zufrieden.

Wir hatten überhaupt Grund, zufrieden zu sein. Unsere Höhle war wohnlich. Die langen Girlanden von braunem Rauchfleisch dünkten uns ein köstlicher Schmuck. Im Fliegenschrank standen die Büchsen mit Fett und Fleischextrakt, das Fleischmehl war gut getrocknet, und Otto war unumschränkter Eigentümer eines solchen Haufens von Knochen, dass er es nicht einmal für nötig hielt, einen Teil seiner Schätze zu vergraben.

Der erste Regen

Seit sechs Monaten hatten wir keine richtige Wolke mehr am Himmel gesehen, nur gelegentlich ein hohes Gespinst eisiger Zirren. Am 26. Oktober erschienen die ersten Wolken. Sie segelten schnell über der blauen Bergstufe im Osten empor. Schneeweisse Flocken, grosse watteförmige, silberne Ballen schwammen im tiefblauen Himmel, quollen auf; drehten sich und verwandelten den Wüstenhimmel in eine faszinierende dramatische Bühne. Wir sassen an der Südostecke der Höhlengalerie, staunten und konnten uns nicht sattsehen.

Bald bekamen die grössten Wolken dunkle Bäuche, während ihre Ränder wie lichtes Silber schimmerten. Große und kleine tiefschwarze Schatten liefen wie Tuschekleckse über Schluchten, Flächen und Berge. Die ganze Landschaft wurde ein grelles Schachbrett von wandernden Lichtern und Schatten. Das Licht war intensiver und schärfer geworden, reflektiert und vervielfältigt von den silbernen Wolken. In der Höhle ohne Hemd sitzend, bekam ich einen starken Sonnenbrand, nur von dem Licht, das die Wolken ausstrahlten. In langer, schimmernder Prozession kamen sie über das Hochland herauf; die ersten Wolken der Regenzeit, und liefen über uns hinweg in die Namib. Aber schon bald hielt der Westwind sie auf, zerfrass sie die heisse, trockene Luft.

Sossusvlei und Fishriver-Canyon

Würde es Regen geben? Alle Arbeit war plötzlich vergessen; Wir schauten, warteten und staunten. Hinter den silbernen Flocken wuchsen gewaltige, leuchtende Türme empor und drückten die Berge zu flachen Hügeln zusammen. Einer stand über dem Gamsberg, ein anderer weiter nördlich über dem Khomashochland. Sie wuchsen und dehnten ihre gleissenden Kuppeln. Schatten stahlen sich von der breiten, dunklem Basis empor und füllten die gerundeten Falten und Nischen. Der Khomasturm wuchs am schnellsten, er breitete sich zu einer drohend leuchtenden Wand aus; dann stieg sein tiefer, samtblauer Schatten über die Berge herab.

Der Westwind hatte sich nach ein paar Stössen wieder gelegt, alles schien mit verhaltenem Atem zu warten. Doch die Wolke kam nicht weiter, wie festgenagelt stand sie über der Bergwand und brütete mit kesselnden, blaudunklen Schatten. Stunden stand sie da, wurde schwarz wie die Nacht und barst gegen Abend mit zuckenden Blitzen, geballter, undurchsichtiger Flut und rollendem Donner. Wo das hintraf, da liefen jetzt die Riviere!

Nach einer halben Stunde erreichte uns ein rasender kalter Fallwind. Die abgekühlte Luft strömte vom Gewitterzentrum ab, peitschte tanzende Staubfahnen in den fahlen Abendhimmel und vertrieb die Schwüle des Tages mit feuchtem, erfrischendem Duft.

Wir wussten, dass die Regenvorstösse in der Namib in der Regel drei bis vier Tage anhalten, und so warteten wir denn am nächsten Tage wieder voller Spannung. Diesmal zogen dichtere Wolken auf; am Nachmittag hingen hier und dort graugoldene Regenvorhänge herab. Warme Strahlenbündel und irisierende Lichtbahnen durchbrachen die Wolken und die bunten Regenschnüre. Zwischen den Vorhängen aber leuchteten märchenhafte Flächenstücke, begrenzt von beschatteten, nachtblauen Bergen.

Klare, herrliche Farben, wechselnde Lichter und brodelnde, vielgestaltige Wolken. Ein Regentag in der Wüste ist so wunderbar, dass man sich nicht daran sattsehen kann. Doch leider waren die bunten Fransen und die schleppenden Gardinen kein richtiger Regen, es waren nur leichte Schauer, zum grössten Teil schon verdunstet, bevor sie noch den Boden erreichten

Gegen Abend hüllte dann eine dunklere Bank die Hakosberge in blaue Schatten. Lange graue Fransen begannen zu fallen. Sie schleppten über die Schluchten und verdeckten mit dichten, gischtigen Strähnen die Berge. Nun regnete es wirklich. Schon traten die Berge wieder mit sonnigen Hängen hervor. Die Gramadullaschluchten versanken in grauem Schwall. Der Regen streifte das Südplateau, unser Jagdgebiet. Das bedeutete Weide und Wild. Wir sprangen in freudiger Erregung auf. Für einen Augenblick war der Rotstock unseren Blicken entzogen. Dann fielen die letzten Strähnen zur Erde, und der Westwind zerfetzte die dünn gewordene Wolke in silberne Fasern. Über dem Rand der Wüste versank eine strahlensprühende Sonne. Perlgraue Wolken mit purpurnen Säumen kämpften mit dem Westwind, im Süden hingen rotgoldene Gardinen vor dem Nauchaser Bergland, und über dem Gamsberg zuckten weisse Blitze aus schwarzer Gewitterwand. Graue Schatten krochen aus den Schluchten herauf und löschten die rosigen Lichter, die graue Dämmerung über dem Gamsberg verdichtete sich zu schwarzer Nacht. Immer noch zuckten einzelne Blitze. Eben war der Berg noch als bläuliche Tafel vor dem schwarzen Himmel zu sehen; plötzlich sprang an seinem Fuße ein Licht auf. Feurige Bänder wanden sich an einem Grat in die Höhe, fächerten auseinander, sprangen von Grat zu Grat und leckten wie Fackeln an der Gipfelplatte empor. Ein Blitz hatte das dürre Gras und Buschwerk entzündet. Der Gamsberg brannte. Angestrahlt von rotem, flackern dem Licht stand die mächtige Tafel in der schwarzen Nacht und leuchtete weit hinaus in die Namib. Lange noch funkelte rote Glut auf den Graten, lange noch loderten einzelne Stellen, dann deckte sternenlose, bläuliche Nacht das Land.

Am dritten Tage siegte der Westwind, und die Sonne errang wieder die Herrschaft. Endlos dehnte sich der heisse, weissblaue Himmel über der dürstenden Wüste. Es hatte geregnet, und wir hatten keinen Tropfen Wasser bekommen.

In den nächsten Tagen erschienen auf allen Wildwechseln frische Fährten. Die Tiere hatten den Regen gerochen und zogen nun zu den wenigen gesegneten Stellen, an denen frisches Gras zu sprießen begann. Wir waren hungrig; seit Tagen hatten wir ohne Mittagessen auskommen müssen. Otto bereute bitter, dass er von seinem Knochenreichtum von der Goagosfahrt nichts vergraben hatte. Eine Hyäne hatte seinen Knochenhaufen verschleppt und verzehrt.

Wir hofften, an einem der Wechsel in der Nähe der Höhle Beute zu finden, aber wir hatten kein Glück; wir kannten die Gewohnheiten des Wildes noch nicht genug. Täglich beobachteten wir mit den Gläsern die zerschluchtete Südseite und den schmalen Regenstrich. Langsam begannen die Tiere sich dort einzustellen. Wir erblickten grosse Punkte mit hellen Flecken, es konnten Zebras oder Gemsböcke sein. Die kleinen weissen Punkte waren sicher Springböcke. Es wurden ihrer täglich mehr. Am neunten Tag nach dem Regen gingen wir hinüber.

Die Balsambüsche hatten leuchtend grüne, zarte Blätter getrieben, feine Grasbüschel standen zwischen den Kalkbrocken. Eine Winzigkeit Grün, zartes, sprießendes Leben in den grauen und roten Schluchten. Uns kam es herrlich vor.

Wir pirschten lange vergeblich, durch gewundene Schluchten, über heissen roten Dünensand, unter der schartigen Plateaukante entlang und wieder durch verzweigte Felstäler. Wir schossen einen Gemsbock an, bekamen ihn aber nicht. Andere Böcke beschlichen wir vergeblich. Unsere Beine wollten uns schon fast nicht mehr tragen, als es uns schliesslich doch noch gelang, einen schönen Springbock zu erwischen.

Er schmeckte uns wunderbar. Die Leber war würzig und süss. Das Tier war im Geschmack gar nicht zu vergleichen mit denen, die wir vorher gehabt hatten; das hatten sieben Tage frischer Weide fertiggebracht.

So weit drei Kapitel aus dem Buch.

Doch sie mussten aufgeben. Der Krieg in Europa dauerte länger als erwartet und Hermann Korn wurde auf Grund der ziemlich einseitigen Ernährung krank und die beiden Flüchtlinge mussten sich den Behörden in Windhoek stellen, wo man sie erst einmal für zwei Tage in ein Gefängnis einquartierte. Nach der langen Freiheit sicher ein herber Schock.

Anschliessend kamen beide in ein Krankenhaus.

Die erwartete Strafe fiel sehr glimpflich aus, man internierte sie nicht. Sie traten sogar noch vor Kriegsende in den Dienst der südafrikanischen Regierung.

Henno Martin kehrte nach dem Krieg nach Deutschland zurück. Dort leitete er nach einer Professur der Universität Kapstadt und einer Gastprofessur in Sao Paolo in Göttingen das Institut für Geologie und Paläontologie. Er starb im Januar 1988.

Hermann Korn starb 1946 bei einem Autounfall und liegt in Windhoek begraben.

An der Nordsee-Küste?

Der Himmel ist bedeckt, es weht ein kühler Wind und es zeigen sich einige Schaumkronen auf dem Meer. Man könnte meinen, man wäre irgendwo an der Nordseeküste.

Wären da nicht die Pelikane, die auf den hohen Poldern sitzen. Aber vielleicht sind die aus dem Bremerhavener Zoo am Meer ausgebüxt.

Nein, nein! Wir sind mitten in Südwest-Afrika, in Walfisch Bay, am Hafen.

Draussen liegen einige Boote und zwei Katamarane.

Marco gegrüsst uns herzlich auf Deutsch und winkt seinen Katamaran heran, in dem sein Bruder Willy den Kapitän spielt. Unsere zwölf Mit-Passagiere kommen aus den USA, aus Holland und aus Namibia. Sandra, aus Hamburg hier gelandet, begrüsst alle launisch auf Englisch.

Einige ihrer etwas zweideutigen Ratschläge zielen besonders auf die männlichen Mitfahrer.

Es befänden sich zwar Toiletten an Bord. Aber die Männer könnten es auch über die Reling versuchen, am besten immer an der dem Wind zugewandten Seite. Und Vorsicht, es gibt Haie hier, die springen hoch und die geben sich auch mit kleinen Fischen zufrieden. Allgemeines Gelächter.

Dann gibt es erst einmal Tee und Kaffee zum Aufwärmen. Und für jeden eine Decke gegen die Kälte und den Wind.

Und als Heilmittel gegen die Kälte anschliessend Portwein.

Die Pelikane benehmen sich auf dem Boot wie zahlende Passagiere. So mancher unserer Mitreisenden hat plötzlich einen von ihnen auf dem Rücken sitzen.

Sogar eine kleine Robbe springt an Bord und wird mit kleinen Fischen gefüttert, neidisch beäugt von den Pelikanen.

Sandra klärt uns an Hand einer Karte, die sie vor sich hält, über die geografischen Gegebenheiten der Lagune auf – zwei Pelikane schauen dabei aufmerksam zu, als würden sie alles verstehen. Wie in einer Schule. Ein herrliches Bild!

Wir nähern uns langsam dem westlichsten Punkt der Lagune. Hier steht ein gusseiserner schwarz-weisser Leuchtturm, der eine interessante Historie hat. Er wurde im Jahr 1912 in Deutschland für einen Hafen in Japan gegossen. Das Transportschiff war an der Südwestküste Afrikas unterwegs als der Erste Weltkrieg ausbrach. Die südafrikanische Marine beschlagnahmte das Schiff im Jahr 1915 mitsamt dem Leuchtturm und stellte ihn hier an der Lagune in Walfisch Bay auf.

Der Strand ist voll – besser gesagt wäre: überfüllt – von Robben. Zu Tausenden liegen sie am Strand oder schwimmen und springen im Wasser. Zwischendurch sieht man noch einige Delphine.

Eine Südafrikanerin mit ihrer Tochter paddelt mit ihrem Kajak mutig zwischen den Robben herum.

Insgesamt gibt es an der namibischen Küste Millionen von Robben. Ihr ungehemmter Hunger auf Fische und Meerestiere dürfte eine Konkurrenz für die Küsten-Fischer darstellen. So ähnlich wie in Australien die Kamele und Känguruhs den Viehherden der dortigen Farmer das Futter streitig machen.

Willy steuert den Katamaran noch etwas hinaus aufs offene Meer, auf der Suche nach einer bestimmten Delphin-Art. Aber die haben sich heute entschlossen, sich nicht zu präsentieren.

Sandra bittet hinunter unter Deck zu Canapées und Sekt. Die Canapées mit rohen und gebackenen Austern sind am schnellsten vergriffen. Wir sind mit dem Rest zufrieden. Es war ausreichend vorhanden.

Die Stimmung wird etwas gelöster, man tauscht sich mit den Nachbarn aus.

Sossusvlei und Fishriver-Canyon

Ich frage ein neben mir sitzendes holländisches Ehepaar, ob sie das Africaans, die Sprache der Buren, immerhin dem Holländischen entsprungen, verstehen.

Nicht alles, aber weitgehend den Sinn.

Aber mal Hand aufs Herz, haben wir als Norddeutsche nicht auch manchmal Schwierigkeiten, die Bayern oder die Südtiroler zu verstehen?

Zur Rechten sitzt ein Ehepaar mit ihren beiden erwachsenen Kindern aus Namibia, aus Otjiwarongo im Norden Namibias. Die Kinder haben in der Schule auch Deutsch gelernt.

Wer beschreibt unser Erstaunen, als sie alle vier gemeinsam uns der Südwester-Lied vorsingen.

Hier der Text:

> Hart wie Kameldornholz ist unser Land
> Und trocken sind seine Riviere.
> Die Klippen, sie sind von der Sonne verbrannt
> Und scheu sind im Busch die Tiere.
> |: Und sollte man uns fragen:
> Was hält euch denn hier fest?
> Wir könnten nur sagen:
> Wir lieben Südwest! :|

> Doch unsre Liebe ist teuer bezahlt
> Trotz allem, wir lassen dich nicht
> Weil unsere Sorgen überstrahlt
> Der Sonne hell leuchtendes Licht.
> |: Und sollte man uns fragen:
> Was hält euch denn hier fest?
> Wir könnten nur sagen:
> Wir lieben Südwest! :|

Und kommst du selber in unser Land
Und hast seine Weiten gesehen
Und hat unsre Sonne ins Herz dir gebrannt
Dann kannst du nicht wieder gehen.
|: Und sollte man dich fragen:
Was hält dich denn hier fest?
Du könntest nur sagen:
Ich liebe Südwest! :|

Beim Refrain stimmen wir dann mit ein.

Heinz Anton Klein-Werner, 1937 schrieb dieses Lied für die Pfadfinder. Es wird noch heute als inoffizielle Landeshymne der Siedler geschätzt.

Heino soll es vor kurzem bei einem Auftritt in Windhoek gesungen haben.

Der Ort Walfisch Bay selbst ist alles andere als interessant. Die Engländer hatten als erste die Vorzüge dieser Bucht erkannt und sich diese Enklave vereinnahmt. Den Deutschen hatte es nicht gefallen. Aber wer zuerst kommt ....!

Später hatten die Südafrikaner, selbst als Namibia im Jahr 1990 selbständig wurde, an dieser Enklave gegen den Willen der UN festgehalten.

Im Jahr 1994 trat man doch dieses Gebiet an Namibia ab.

Viele kleine Häuschen. Und Industrie.

Vielleicht tut das trübe Wetter an diesem Tag das Seinige hinzu, den Ort unattraktiv zu finden. Beim letzten Besuch schien die Sonne.

Aber wie ich jetzt der AZ (Allgemeine Zeitung aus Windhoek) entnehmen konnte, ist ein grosses Hotel für 360 Gäste geplant.

Erwähnenswert wären noch die Flamingos, die die ortsnahe Küste der Bucht bevölkern

Auf dem Rückweg nach Swakopmund zeigt sich ein kleines hellenistisches Kleinod: Es gibt einen Afrodite-Strand.

Sieh an, die Göttin der Liebe hat sogar in Namibia ihre Dependance! Aber an Land gestiegen, wie dem damaligen Mythos zufolge auf Zypern, ist sie denn wohl kaum.

Unterwegs im Süden Namibias

Swakopmund

Swakopmund hat auf uns deutsche Touristen eine eigenartige Ausstrahlung. Man könnte glauben, man sei, wenn man die Gebäude betrachtet, in eine deutsche Stadt so kurz nach der Jahrhundertwende versetzt.

Der Name entstammt der Nama-Sprache, sie nannten den hier zur Regenzeit mündenden Fluss Tsoa Xoub. Für die Deutschen ein nicht auszusprechendes Wort, also machten sie Swakop draus.

Aus der Hitze des Landesinneren kommend spürt man hier eine angenehmere Temperatur.

Bei der ersten Reise wohnten wir im Hansa-Hotel, dem ältesten Hotel Namibias. Im Jahr 1905 erbaut. Ich kann mich noch gut an den exzellenten und fachkundigen Service im Hotel-Restaurant erinnern.

Die Sonne hatten wir damals nicht gesehen. Über der Stadt lag an beiden Tagen eine hochnebligen Glocke, die sich manchmal bis zu achtzig Kilometer ins Binnenland ziehen kann.

Zwischen Walfisch Bay und Swakopmund ist eine Station, bei der man eine Quadbike-Tour durch die Wüstendünen buchen kann. Ein ortskundiger Angestellter führte damals unsere vier Quads. Die fehlende Sonne erlaubte überhaupt keine Himmelsrichtungs-Orientierung. Kein Nord, kein Süd! Ohne den Führer hätten wir nie zurück zum Ausgang gefunden.

Unser diesjähriges Hotel für zwei Nächte ist das Hotel „Zum Kaiser" am unteren Ende der früheren Kaiser-Wilhelm-Strasse, die in Sam-Nujoma-Avenue umbenannt wurde. Aber über so manchem Haus ist noch das alte Strassenschild befestigt.

Das Hotel scheint etwas neueren Datums zu sein und im Inneren hängt ein grosses gemaltes Porträt vom letzten Kaiser.

Hier wird Nostalgie wahrlich noch gross geschrieben.

Diesmal ist uns das Wetter gut gesinnt. Die Sonne scheint und wir machen einen ersten Bummel durch Swakopmund.

Nach einem kleinen Mittagsimbiss im gut besuchten Brauhaus führt uns der Weg ins Café Anton.

Die Kuchentheke ist ebenso gut ausstaffiert wie eine deutsche Konditorei. Die eingeborene Bedienung erklärt mir auf Deutsch sämtliche Kuchen und Torten. Ich entscheide mich für den gedeckten Apfelkuchen. Als sie dann noch fragt: „Mit Sahne?" sage ich ausnahmsweise mal ja.

Unter uns, die wir vor dem Café Anton bei Tee und Kuchen sitzen, läuft auf dem grossen Platz eine Szenerie ab, die zwar für diese Jahres- und Vorweihnachtszeit nicht ungewöhnlich, hier im südlichen Sommer und dazu noch in Afrika uns etwas gewöhnungsbedürftig erscheint.

Ein Weihnachtsmarkt.

Über einen Lautsprecher werden wir mit englischen Weihnachtsliedern dezent beschallt.

Auf dem Platz und ringsherum sind Stände aufgebaut. Nippes, Grill-Buden, Süssigkeiten, Volkskunst, Schmuck, so wie überall auf der Welt.

Die evangelisch-lutherische Kirche hat einen grossen Stand mit gebrauchten Büchern. Ein älteres Ehepaar berät Suchende, sie scheint noch sehr agil, während er schon etwas erschöpft neben den Büchertischen sitzt.

Sicher könnte man hier noch Bücher finden, die man zu Hause vergeblich sucht, aber ich will meine Zeit hier nicht mit Stöbern in Bücherstapeln verbringen.

Unübersehbar ist der Leuchtturm in der Nähe der Mole, der 1910 fertiggestellt wurde. Auf dem Weg dorthin hat sich eine Himba-Grossfamilie ausgebreitet, die Volkskunst anbieten. Sie stammen aus dem Nordwesten Namibias nahe der Grenze zu Angola. So gut es geht versuchen sie ihre ursprüngliche Lebensweise aufrecht zu erhalten.

Ihre schwarze Hautfarbe haben sie mit einer Creme eingerieben, die aus Tierfett vermischt mit einem Pulver aus zerstossenen roten Steinen besteht. Männer sowie Frauen schmieren damit den ganzen Körper ein.

Zu gern hätte ich sie fotografiert, wusste aber nicht wie sie reagieren würden.

Zur rechten passieren wir das kleine Museum, zur linken das gut besuchte Strand-Café, in dem man unter Palmen sitzen kann. Die deutsche Sprache war deutlich dominant.

An der Mole wird ein neues grosses Hotel gebaut – ein Zeichen für den wachsenden Tourismus. Viele Deutsche überwintern hier. Die Deutsch-Stämmigen sind in Swakopmund überhaupt stark vertreten.

Es gibt zwei deutsche Buchhandlungen, die Swakopmunder Buchhandlung als älteste Buchhandlung Namibias (seit 1900) und „Die Muschel" mit einem kleinen Café.

In beiden Buchhandlungen wird man gut beraten.

Ein Spaziergang führt uns noch zur „Jetty", der langen Landungsbrücke, eines der Wahrzeichen Swakopmunds. Sie hat eine wechselvolle Geschichte. Im Jahr 1882 landeten die ersten Schutztruppler und Siedler in Swakopmund.

Die erste Brücke war aus Holz und hielt den Elementen nicht lange stand. Später wurde sie aus Eisen gebaut. Es gab ein Hin und Her, mehrmals war sie geöffnet, dann wieder geschlossen.

Um es kurz zu machen: Im Jahr 2008 wurde sie wieder nach schwierigen Bauarbeiten eröffnet und beherbergt nun am Ende ein Fisch-Restaurant mit einer Austernbar.

Der Gang über das Meer auf dem Steg ist lohnenswert. Die Angler nutzen sie auch für ihre Zwecke.

In dem Restaurant hoffte man gleich auf Gäste, als wir einen Blick hineinwarfen, aber wir hatten für den Abend bereits ein Restaurant gebucht.

Unser Fahrer kennt zwei gute Abend-Restaurants.

Das erste heisst „Erich's Restaurant und wird meist von Deutschen frequentiert.

Das zweite ist der „Western Saloon". Ein kleines, bis auf den letzten Platz ausgebuchtes Restaurant ohne an den Wilden Westen zu erinnern. Der Chef stammt aus Deutschland und hat früher schon einmal in einem Restaurant in der Nähe von Frankfurt gearbeitet.

Wir verlassen Swakopmund in Richtung Windhoek an einem nebligen Morgen, statten Martin Luther einen Kurzbesuch ab und erreichen sonnigere Gefilde erst nach rund sechzig Kilometern. Einen Ausflug nach Cape Cross im Norden von Swakopmund würde ich empfindlichen Naturen nicht empfehlen. Die über 200.000 Robben verbreiten einen furchtbaren Gestank, der einen zum schleunigstem Rückzug aktiviert.

Martin Luther in der Wüste und die Welwitschias

Erzählt man jemandem, man habe Martin Luther in der Wüste in Namibia gesehen, so wird man etwas mitleidig angesehen. Wohl ein Schwarzer, dem seine gläubigen Eltern diesen Namen „verpasst" haben? Oder gar ein Witz?

Nichts von alledem!

Martin Luther ist ein Relikt aus dem Anfang der deutschen Besiedelung Namibias. Zuerst musste vieles mit Ochsen und Pferden transportiert werden.

Da kam der deutsche wohlhabende Leutnant der Reserve, Edmund Troost, auf eine abenteuerliche Idee. Im Jahr 1892 brachte er aus Deutschland von seinem Urlaub eine mit Dampf getriebene Strassenlokomotive mit nach Walfisch Bay.

Von da ab musste sie nur noch nach Swakopmund transportiert werden. Da begannen die Schwierigkeiten.

Das Monstrum war für Fahrten im Sand nicht geeignet, war zu schwer und musste oft aus tiefem Sand herausbugsiert werden. Zudem verbrauchte sie Unmengen von kostbarem Wasser sowie Holz. Und sie konnte höchstens zwei Waggons ziehen. Also unterm Strich: Gut und fortschrittlich gedacht, aber für die hiesigen Verhältnisse absolut ungeeignet.

Als im Jahr 1897 der Swakop viel Wasser transportierte (im Südwesterjargon sagte man: Der Swakop kam ab), blieb die Maschine stecken und man überliess sie sich selbst.

Hier stand sie nun und kam nicht weiter.

Der findige Volksmund, in diesem Fall die Südwester, gaben ihr daraufhin in Anlehnung an Martin Luthers Äusserung 1521 auf dem Reichstag in Worms den Spitznamen „Martin Luther" – „Hier stehe ich und kann nicht anders". Zugefügt hatte er noch „Gott helfe mir.

Amen!"

Bei unserer ersten Reise stand sie (oder soll man sagen: Er) noch im Freien an der Strasse, die nach Nordosten führte.

Doch Wind und Wetter setzten dem gusseisernen Metall heftig zu und die Korrosion begann der Maschine zuzusetzen. Im Jahr 2003 begann man, mit einer Restaurierung, die sich aber als schwierig erwies. Innerhalb von sechs Monaten wurde „Martin Luther" von Technologie-Studenten an Hand von wieder aufgefundenen Original-Bauplänen restauriert.

Mit deutscher Hilfe erhielt dieses Relikt aus der deutschen Namibia-Frühzeit nunmehr ein kleines Gebäude zum Schutz gegen erneute Verwitterung.

Durch die Scheiben kann man nunmehr das alte Eisenross bewundern. Sinnigerweise hat man neben die Maschine die alten korrodierten Teile aufgestellt.

Aber „Martin Luther" glänzt wieder in schwarzer Farbe.

Bei unserer ersten Reise hatten wir noch den Welwitschias in der Nähe von Swakopmund einen Besuch abgestattet.

Es sind eigentümliche Pflanzen, die beim ersten Eindruck ausschauen, als seien sie leblos oder vertrocknet.

Aber sie leben noch. Auf dieser Schotterfläche. Wohl schon seit über tausend Jahren. Man könnte meinen, Ausserirdische haben hier eine Stip-Visite gehalten und dabei diese Pflanzen hier zurückgelassen, nachdem sie sich umgeschaut hatten und nichts als Wüste entdeckten. Sie haben nur 2 Blätter.

Der Name stammt von dem österreichischen Botaniker Friedrich Wilhelm Welwitsch, der diese Pflanze im Jahr 1859 im südlichen Angola erstmals entdeckte.

Wie vermag bloss diese eigenartige Pflanze in dieser trockenen Gegend mit kaum Niederschlag zu überleben? Die Forscher stehen noch vor einem Rätsel.

Unterwegs im Süden Namibias

Na'an ku se

Die eigentliche Schreibweise ist Kanaan N/a'an ku sê Desert Retreat. Sicher der phonetischen Form der Eingeborenen nachempfunden. Der Einfachheit halber begnüge ich mich der ersten Schreibweise.

Rund vierzig Kilometer entfernt von Windhoek liegt dieser Wildpark mit 33.000 Hektar Grösse. Ein lohnenswerter Ausflug. In einer herrlich weiten Landschaft ist hier ein Team engagierter Mitarbeiter bemüht, den Zauber der Landschaft zu erhalten und zugleich den Besuchern die Tierwelt Namibias nahe zu bringen.

Wenn man so will, ein Zoo von ungeheurer Grösse.

Man empfängt uns in einem reetgedeckten Pavillon mit grossen Glasscheiben, die einen Ausblick in die Landschaft ermöglichen. In der Nähe stehen einige ebenfalls reetgedeckte Chalets für Gäste, die hier nächtigen können.

In dem kleinen dazugehörigen Laden sehe ich das erstemal eine Flasche namibischen Wein. Das Probieren kommt später. Zuerst geht es auf Safari, zusammen mit einer anderen Gruppe in einem seitlich offenen Geländewagen.

Die Tiere leben hier nicht vermischt in der Landschaft, sondern in grossen umzäunten Revieren. Sämtliche Tiere werden täglich gefüttert. Unser Buschmann-Wildhüter Given führt uns zuerst zu den Pavianen, dann zu den Luchsen, den Geparden, den Hyänen und den Leoparden.

Auf seinem Wagen hat er hinten in einer grossen Kühlbox Fleisch von altersschwachen Pferden und Eseln, das man von den umliegenden Farmen bekommt. Aber die Tiere bekommen kein schieres Fleisch, sondern immer mit grossen Knochen verbunden. Sie sollen schon ein wenig Mühe aufwänden und nicht gleich das gesamte Fleisch herunterschlingen, wie es Raubtiere zu tun pflegen.

Die Tiere kennen die Tagesabläufe schon und kommen gleich an die Futterstellen, sobald sie das Vehikel sehen.

Zum Schluss kommen als Attraktion – wie kann es anders sein – die Löwen.

Ein mächtiger männlicher Löwe mit zwei Weibchen lebt in dieser Umzäunung. Sobald der Wildhüter das Fleisch über den hohen Zaum geworfen hat, schnappt sich jedes Tier seine Ration und verschwindet damit in verschiedene Richtungen. Es ist der Futterneid. Der Löwe jagt uns allen eine gehörigen Schrecken ein. Er blickt uns durch den Zaun mit kalten Raubtieraugen an und hebt plötzlich zu einem gewaltigen Brüllen an, dass es uns durch Mark und Bein geht und wir respektvoll mehrere Schritte zurückweichen.

Wir sind so kreuz und quer über viele Wege durch das riesige Gelände gefahren, dass wir überhaupt nicht mehr wissen, wo wir sind und wo der Hauptpavillon liegt.

Scherzhaft frage ich den Wildhüter, ob er auch wieder zurückfindet. Das entlockt ihm dann doch ein herzhaftes Lachen.

Zurück im Zentralgebäude bitte ich neugierig um eine kleine Probe namibischen Rotweins, eines Shiraz, eine meiner Lieblingstrauben, besonders wenn sie aus Australien kommen. Ich bezahle ein Glas zum Kosten, aber zwei kleine Schlucke reichen mir. Für den Anfang nicht schlecht, aber da ist noch ein klein wenig Entwicklung nötig.

Den Nachmittag nutzen wir, um vom Hotel Heinitzburg in das nahe gelegene Einkaufszentrum zu gehen. Denn mir fehlt noch eine Namibia Sim-Karte für mein Handy, die mir netterweise gleich eingebaut wird.

Erstaunlich ist generell der digitale Fortschritt in Namibia. Beim Aushändigen der Zimmerschlüssel bekommt man in allen Hotels, sogar in den entfernten Lodges in der Wüste gleich den WLAN-Zugangscode mitgeliefert. Kostenlos. Allerdings gehts langsam.

Windhoek und Katutura

Ich bin kein Freund von Häuseransammlungen, wie sie nun einmal zu grösseren Städten gehören.

Einige Zeilen zur Hauptstadt halte ich jedoch für angebracht.

Von der Terrasse des Hotels Heinitzburg haben wir einen grossartigen Blick auf die Stadt. Dieses Hotel hat eine längere Geschichte. Es ist das Geschenk des Grafen von Schwerin an seine Frau, eine geborene von Heinitz. Das war im Jahr 1914.

Wer einige Zeit nicht in Windhoek war, ist erstaunt über die Entwicklung der Stadt. Einige Hochhäuser prägen das Stadtbild.

Fast ist die Christus-Kirche nicht mehr zu sehen, die man dereinst von überall her sehen konnte.

Bei einer Stadtrundfahrt gehört sie natürlich zum Pflichtprogramm.

Unser Stadtführer aus Österreich, der schon lange hier in Windhoek lebt, erzählt uns einiges über die Entstehung der Kirche, die zur evangelisch-lutherischen Gemeinde gehört.

Sie wurde im Jahr 1910 nach dreijähriger Bauzeit eingeweiht. Der Kaiser und die Deutschen liessen sich die Kirche fast eine Dreiviertel Million Mark kosten.

Ein grober Fehler ist damals beim Einbau der farbigen Fenster des Altarraums passiert, die von Kaiser Wilhelm gestiftet wurden. Diese Fenster wurden aus Versehen mit der bemalten Innenseite nach aussen eingesetzt. Im Jahr 2000 wurden die Fenster renoviert und korrekt wieder eingesetzt. Innen auf der rechten Wand ist eine Bronzetafel eingelassen, auf der die in den dortigen Kriegen gefallenen Deutschen mit Dienstgrad ein Andenken gefunden haben.

Von seinem Jahrzehnte langen Stammplatz in der Nähe der Christus-Kirche ist allerdings das Reiterdenkmal verschwunden. Es wurde in Deutschland gebaut und im Jahr 1912 zu Kaisers Geburtstag enthüllt. Am Fusse des Denkmals war eine Platte eingelassen, auf der die 1749 deutschen Schutztruppler erwähnt waren, die während des Herero-Aufstandes gefallen waren.

Zu unserer Überraschung war das Denkmal nicht mehr an seinem angestammten Platz. In einer Nacht-und-Nebel-Aktion wurde es, wie unser Fahrer sagte, abmontiert und an weniger prominenter Stelle wieder – etwas beschädigt zwar – wieder aufgebaut. Offenbar haben sich die neuen Herren des Landes an dieser martialischen Statue gestört. Aber sie ist doch ein Teil der Historie des Landes.

Das Foto am Eingang des Buches stammt noch von unserer ersten Reise.

Unsere Stadtbesichtigung führte uns auch nach Katatura.

Die Landflucht, der Drang vom Land in die wenigen grossen Städte ist auch in Namibia ein Problem. Zur Zeit der südafrikanischen Herrschaft mussten die Schwarzen, ähnlich wie in den Townships in Südafrika, nach Katatura umziehen. Es waren einfache Häuser mit zwei Zimmern und einer Toilette im Hof.

Die Namensgebung entbehrt nicht einer gewissen Komik. Der Name Katatura bedeutet so viel wie „der Ort wo wir nicht leben wollen". Ein Ausdruck der Zwangsumgesiedelten. Das schlug die schwarze Bevölkerung der weissen Stadtverwaltung vor. In Unkenntnis der Bedeutung stimmten diese zu – und so heisst er heute noch.

Nach der Unabhängigkeit besserte sich vieles. Das Viertel bekam mehr Infrastruktur, Supermarkt etc.

Die Kehrseite der Medaille: Immer mehr Schwarze, meistens Ovambos aus dem Norden zogen zu, die Häuser reichten bei weitem nicht mehr aus und es bildeten sich wilde Siedlungen aus Wellblechhütten ohne Wasseranschluss und mit katastrophalen sanitären Verhältnissen. Näher möchte ich es lieber nicht beschreiben.

Wir sind nur auf der Hauptstrasse hindurchgefahren ohne einen Schritt in diese Siedlung zu tun. Mit Sicherheit wären wir alles andere als freundlich begrüsst worden.

Es dürfte nicht verwunderlich sein, dass unter solchen Umständen die Kriminalität steigt. Wie in der „Allgemeinen Zeitung" zu lesen war, bilden sich zunehmend Nachbarschaftsgemeinschaften zu Überwachung ihrer Häuserviertel.

Das Problem der Landreform
Zwar ist es kein spezifisch-südnamibisches Thema, aber bei einem Bericht über Namibia sollte es als kleine Randnotiz erwähnt werden.
Fremdes Eigentum weckt immer Begehrlichkeiten.
Besonders in Afrika, wenn die Weissen die Besitzer sind.
Viele der Schwarzen möchten eigenes Land.
Das abschreckende Beispiel Simbabwe hat viele schwarze Namibia-Politiker nicht davon abgehalten, Ähnliches in Namibia zu propagieren.
Offenbar wollte man ideologisch nicht wahrhaben oder sehen, dass aus der einstigen britischen Kolonie Rhodesien durch das Vertreiben oder Ermorden der weissen Farmer das Land durch Unfähigkeit, Korruption und Misswirtschaft aus einer Exportnation in ein Armenhaus verwandelt wurde. Wenn man die Politikerkaste einmal ausnimmt.
Am 27.12.2013 stand in der Allgemeinen Zeitung, Windhoek, (AZ) ein kritischer Artikel zu folgendem Thema

Landreform in Namibia: Der Weg ins Chaos - eine Analyse. Autor Claus Kock, selbst Farmer und somit problemkundig. Der Artikel beginnt mit folgendem Bericht über eine Farm:

Nach Enteignung der Farm und Aufteilung an landlose Namibier verlottert die vormals hochrentable Farm, in die der Staat nochmals Millionen investiert hat, soweit, bis selbst die Eigenversorgung nicht mehr funktioniert; die Neusiedler sind deshalb auf Lebensmittelhilfe der Regierung angewiesen.

Weiter schreibt der Autor

Die Regierung beruft sich darauf, dass sich so viele „Landlose" Land wünschen. Ich schlage vor, dass die Regierung eine Umfrage unter allen Menschen macht, die kein Auto besitzen, ob sie gerne ein Auto geschenkt bekommen möchten. Wie viele Nein-Stimmen wird es wohl geben? Dann sollte man die Autos der Industrie wegnehmen und diesen Menschen geben. Jeder sieht, wohin das führen würde. In der Landfrage ist das nicht anders.

Etwas weiter in diesem Artikel liest man:

Schlechte Verwaltung
Wie oben ausgeführt, kann das Siedlungsprogramm selbst bei guter Verwaltung nicht funktionieren. Leider hat das Ministerium für Länderein und Neusiedlung gezeigt, dass es unfähig ist, die Infrastruktur in den übernommenen Gebieten zu erhalten. Dazu kommt, dass das aufgeteilte Farmland sehr oft nicht an die armen „Landlosen" geht, sondern an die reichen Unterstützer der regierenden Partei, die oft ein lukratives Regierungsgehalt, Fischereiaktien und Fangrechte, Vermittlungsgebühren für Aufträge und andere Privilegien haben, die den früher Benachteiligten und heutzutage Priviligierten zustehen. Der Minister hat dies im Parlament zugegeben, als er sagte, dass 50% der neuen Siedler von den zugeteilten Farmen leben müssten. Das bedeutet ja ganz offensichtlich, dass 50% der Siedler das Land, das ihnen zugeteilt wurde, nicht nötig haben.

Die Realität der Landreform
Vor rund zehn Jahren wurde die Farm „Westfalenhof" für Siedler gekauft. Die Farm hatte 7000 Zitrusbäume und produzierte 60000 Säcke Zitrusfrüchte sowie 2500 Säcke Zwiebeln.
Siedler, die keine Ahnung von Landwirtschaft hatten, aber sagten, dass sie unbedingt Land haben wollten, wurden angesiedelt. Nach

zwei Jahren waren alle Zitrusbäume eingegangen und dann als Feuerholz verkauft.

Man kann daher im Sinn einer positiven Zukunft Namibias nur wünschen, dass die dortigen Politiker bei dieser Landreform mit Vernunft und Augenmass agieren und ideologische Aspekte ausser Acht lassen.

Die DDR-Kinder

Es mutet sicher ein wenig merkwürdig an, in einem Bericht über den Süden Namibias einen solchen Untertitel zu finden.
Manchmal führen die merkwürdigsten Gegebenheiten zu solchen Gedanken-Assoziationen.
Und das kam so.
Im Hotel Heinitzburg in Windhoek, in dem wir diesmal die ersten beiden Nächte verbrachten, bediente uns abends neben den schwarzen Kellnern ein junges weisses Mädchen. Wie sich herausstellte, hatte sie gerade auf der Deutschen Höheren Privatschule in Windhoek ihr Abitur gemacht und jobbte hier ein bischen. Ihr Wunsch war ein Pharmazie-Studium in Deutschland und sie hatte sich schon bei verschiedenen deutschen Universitäten für einen Studienplatz beworben. Ihre Grosseltern hatten eine Farm in der Kalahari.

In Swakopmund bediente uns im Brauhaus ebenfalls ein deutschstämmiges Mädchen, ebenfalls als Aushilfe, gerade aus Windhoek gekommen, nach bestandenem Abitur. Sie kannte auch das andere Mädchen.

Da fiel mir plötzlich die Geschichte mit den „DDR-Mädchen" ein, in der die Deutsche Höhere Privatschule am Ende des Buches eine Rolle spielte.

Ich hatte das Buch „Kind Nr. 95 – Meine deutsch-afrikanische Odyssee" von Lucia Engombe gelesen, in dem das namibische Mädchen ihre Erfahrungen aus zwei Welten, so muss man es wohl nennen, ausführlich beschrieb.

Aber der Reihe nach.

Südafrika erhielt nach dem Ersten Weltkrieg vom Völkerbund das Verwaltungsmandat über das ehemalige Deutsch-Südwest.
Das sollte im Grund nur eine Art Übergangsregelung sein, aber die südafrikanische Apartheid-Regierung wollte sich Südwest als fünfte

Provinz einverleiben.

Von den sozialistischen Ländern Europas unterstützt formierte sich Widerstand gegen die von den weissen Südafrikanern auch hier eingeführte Apartheid-Politik.

Im Norden des Landes, im Heimland der Ovambos, bildete sich die Swapo (South West African People's Organisation).

Gegen die bestens ausgerüsteten südafrikanischen Soldaten konnten sich die Schwarzen nur mit wiederholten Nadelstichen wehren, indem sie von Lagern in Angola aus ihre Angriffe starteten. Um diese Attacken zu unterbinden, starteten die Südafrikaner am 4. Mai 1978 eine Strafaktion mit Flugzeugen auf eines der Lager in Angola. Im Bombenhagel starben 800 Menschen, darunter viele Kinder und Frauen.

Die kleine Lucia lebte in einem Lager und litt dort unter Hunger und vor allem Angst. Die Swapo vereinbarte mit der DDR eine Art zeitlich begrenzten Exodus für Kinder. Sie sollten im Ausland zur künftigen Elite des Landes herangebildet werden.

Und so kommt die siebenjährige Lucia im Dezember 1979 mit 79 weiteren Kindern und einigen namibischen Ausbildern in ein Kinderheim in der DDR.

Sie beschreibt so herrlich den Flug mit einer Maschine der „Interflug" nach Ost-Berlin:

„Eine weisse Stewardess kam zu mir und fragte ‚Was möchtest du essen?'

Ich hob ratlos die Schultern. Niemals hatte mich jemand so etwas gefragt. Dann brachte sie ein Tablett mit leckerem Essen und ich konnte es nicht fassen, dass jemand so nett zu mir war. Jemand, der mich nicht einmal kannte."

Von Berlin wurden sie mit Bussen nach Bellin in Mecklenburg-Vorpommern transportiert.

Für die kleinen Kinder war die erste Zeit gewiss sehr schwer. Ohne

Eltern! Eine ungewohnte Sprache, die mit ihrem Oshivambo so gar nichts gemein hatte. Zwar hatten sie einige afrikanische Betreuerinnen dabei, die sich aber ebenfalls erst einleben mussten. Die deutschen Betreuerinnen gaben sich viel Mühe, um den Kleinen den politisch erwogenen Aufenthalt zu erleichtern.

Einmal kam der damalige Swapo-Führer Sam Nujoma zu Besuch. Sie wurden als die Soldaten von Sam Nujoma vorgestellt. Er trichterte den Kindern folgendes ein: „Ihr seid die Elite des neuen Namibia. Deshalb müsst ihr fleissig lernen. Damit ihr bereit seid für ein freies Namibia."

Lucia beschreibt in ihrem Buch ausführlich das Miteinander mit ihren Südwest-Zöglingen. Später gab es noch Spannungen mit Kindern, die aus Mozambique in die DDR gebracht waren. Mit deutschen Kindern gab es ebenfalls Auseinandersetzungen. Die DDR-Jugend war etwas darüber erbost, dass den Exil-Kindern vieles geboten wurde, das man ihnen vorenthielt.

Grosse Ereignisse bedeuteten ein Ende des Aufenthalts.

Im November 1989 fiel die Mauer und die DDR begann als Institution ihr Leben auszuhauchen. Im selben Jahr fanden in Namibia freie Wahlen statt und am 21. März 1990 wurde das Land unabhängig.

Damit waren die Voraussetzungen für den Aufenthalt der Kinder in Deutschland nicht mehr gegeben. Im August 1990 werden die Kinder nach Frankfurt gefahren und mit einer Maschine der Air Namibia in die alte Heimat zurückgeflogen.

Ein Schock für die nunmehr 18jährige Lucia.

Das geregelte Leben in den Schulen und den Heimen hatte ein Ende. Sanitäre Verhältnisse, westliches Essen und kulturelle Möglichkeiten – alles war so anders und ungewohnt.

Und dann kam noch die Sprache hinzu.

In der DDR wurde weitgehend deutsch gesprochen. Als Kind lernt man schnell die neue Sprache, vergisst aber die frühere Kindersprache.

Sie schreibt so treffend: Ich dachte auf deutsch, ich träumte auf deutsch und ich schrieb mein Tagebuch weiterhin auf deutsch.

In einem anderen Buch las ich die Aussage eines anderen „DDR"-Mädchens: Aussen bin ich schwarz, aber innen bin ich weiss.

In Windhoek kommt sie in die Deutsche Höhere Privatschule. Sie wiederholt die neunte Klasse noch einmal.

Jedoch die Umstände erschweren ihr den weiteren Aufenthalt an dieser Schule und sie muss an eine andere Schule wechseln.

Am Schluss ihres Buches geht sie auch etwas kritisch auf die Usancen der Swapo ein, die von ihr als Kind so bewundert wurde. Der Idealismus ist verflogen. Korruption und Vetternwirtschaft greifen um sich.

Unterwegs im Süden Namibias

Das Land der endlosen Zäune und Gondwana

Links und rechts ziehen sich ausserhalb der Städte und Orte Zäune scheinbar endlos an den Strassen entlang.
Es sind die Abgrenzungen der Farmen, die auf diese Weise die Schafe, Ziegen, Pferde und Esel am Ausbrechen verhindern sollen.
Man sagte uns: Alle Zäune zusammen genommen könnten die Erde viermal umspannen.
Wenn man sich das einmal vorstellt: Welche Unmengen von Holz, Nägeln, Schrauben und Draht dafür aufgewendet wurden.
Aber es galt, das eigene, erworbene Hab und Gut abzuschirmen und das Vieh am Ausbrechen zu hindern.
Eine bemerkenswerte Institution ist die Gondwana Collection Namibia.
Sie haben Zäune verändert und wo immer möglich abgeschafft.
Der Gründer Mannfred Goldbeck, ein Deutsch-Namibianer, und seine Mitarbeiter haben sich ein grosses Ziel gesetzt, nämlich Unverwechselbares in Unterkunft und Service in den Naturschönheiten Namibias zu gründen und anzubieten.
Sie haben viele Farmen aufgekauft, Gebiete vergrössert und zu Naturreservaten umfunktioniert.

Hier ihre aktuelle Eigenwerbung:
Manche sagen, das dauert ein Leben lang. Wir sagen, vierzehn mal reicht. Denn seit fast 20 Jahren bauen wir an den namibischen Plätzen unfassbarer Naturwunder und Kulturgeschichten fantastische Erlebnislodges. Manchmal aus historischen Farmen, immer in der Tradition unseres Landes und mit verwöhnendem Komfort. Vierzehn sind es bis heute und trotzdem verstehen wir uns nicht als Hotelkette. Denn jede Lodge hat ihren eigenen Charakter. Jede liegt in unmittelbarer Nähe einer spektakulären Sehenswürdigkeit. Jede ist

Sossusvlei und Fishriver-Canyon

ein Erlebnis für sich, mit Abenteuern zum Greifen nah und Herzklopfen inklusive. Und wenn Sie von Ihren Safaris in die überwältigende Natur und Tierwelt zurückkehren, beginnt umsorgt von namibischer Gastfreundschaft der zweite Teil eines großartigen Tages.
Das ist das Gondwana-Gefühl. Namibia aus ganzem Herzen.
In einem anderen Buch lesen wir über die Gondwana Collection:
Die Unternehmens-Philosophie wird von drei Säulen getragen: Tourismus, Natur und Mensch. Ohne Natur keine Touristen, ohne Touristen kein Naturschutz und keine Arbeitsplätze; ohne Mitarbeiter und Unterstützung der Gemeinschaften kein Gastbetrieb und keine Wildhege.

In einer ansprechend aufgemachten Buchreihe unter dem Namen Gondwana History sind und werden Bücher zur Geschichte Namibias herausgebracht.

Eine rührende Szene aus dem Buch „Momentaufnahmen aus der Vergangenheit Namibias" möchte ich noch anführen. Es handelt von der Zeit, als nach dem Zweiten Weltkrieg aus Südafrika die ersten Volkswagen nach Namibia kamen.
„Mann, was standen wir Schulkinder damals stolz am Straßenrand, als dieser Wagen an uns vorbeifuhr", schwelgt Lutz Hecht aus Swakopmund heute noch in Erinnerungen, „endlich hatten wir Deutschland wieder." Nun gut, es gab zwar den Mercedes, aber wer konnte sich den schon leisten.

Auf unserer Reise haben wir zwei ihrer Erlebnislodges kennengelernt. Dazu gehören die Canyon Lodge und Klein Aus Vista. Wir haben uns in beiden sehr wohl, aufgehoben und umsorgt gefühlt.
Eine nachahmenswerte Einrichtung.

Wasser – ein kostbares Elixier in Namibia

Der wenige Regen in den Wüstengebieten und die geringe Anzahl von Flüssen stellen ein ernsthaftes Problem für das Land dar.
Lüderitz und auch Swakopmund leiden darunter.
Noch beträgt die Einwohnerzahl Namibia rund 2,3 Millionen, aber es werden ständig mehr, die mit Anforderungen an die Verwaltungen herantreten.
Nur im Norden und im Süden gibt es Flüsse, die das ganze Jahr mehr oder weniger Wasser führen. Im Süden ist es der Oranje-Fluss

an der Grenze zu Südafrika, der auch im Gegensatz zu anderen Flüssen das Meer erreicht.
Die meisten Flüsse haben ihr Haupteinzugsgebiet ausserhalb von Namibia. Sie beziehen ihr Wasser aus niederschlagsreichen Regionen in Angola, Sambia und Südafrika. In Namibia verlaufen sie weitgehend durch Wüsten und Halbwüsten und erhalten hier, abgesehen von den unregelmässigen Regenfällen, wenig Zulauf.
Einige künstliche Staudämme dienen in erster Linie der Trinkwasserversorgung und vor allem auch der Landwirtschaft.
Auf unserer Fahrt kamen wir am Hardap-Damm in der Nähe von Mariental vorbei sowie zweimal – wegen einer Umleitung – am Naute-Damm südlich von Keetmanshoop. Im Süden ist jetzt ein grosses Projekt geplant bzw in Arbeit – der Neckartal-Damm, der den Fisch-Fluss noch einmal stauen soll.
Ich frage mich jedoch: Ist es sinnvoll einen Fluss, der ohnehin nicht zu einer Übermenge an Wasser tendiert, nach dem Hardap-Damm ein zweitesmal zu stauen? Man kann nur hoffen, dass alles gründlich recherchiert wurde, damit die ungeheuren Kosten und die Veränderungen der Landschaftsstruktur ein positives Ergebnis zeigen werden.

Wer weiss, welche Änderungen des Klimas uns noch bevorstehen?

Eine Besonderheit in Namibia sind die sogenannten Trockenflüsse. Es sind Flüsse, die durch trockenes und steiniges Gebiet führen. Ihr Wassergehalt hängt von der Regenmenge ab. Bei kräftigen Niederschlägen können diese Flüsse zu reissenden Bächen werden, die alles mit sich walzen. Für Wanderer und Autofahrer kann es lebensgefährlich werden.

Ein gutes Beispiel für diese Trockenflüsse ist der Tsauchab, dessen Ausläufer wir im Sossusvlei sahen. Vor vielen Millionen Jahren erreichte der Fluss noch den Atlantik und bildete den Sesriem Canyon.

Doch die Sandmassen der sich bildenden Namib-Wüste behinderten ein Weiterfliessen des Tsauchab. In regenreichen Jahren gelingt es dem Fluss, die Tonpfanne des Sossusvlei zu erreichen, wo die Wassermengen jedoch verdunsten oder im Namib-Sand versickern.

Man erkennt diese Trockenwasserläufe daran, dass sich oberhalb eine grüne Linie zeigt, denn offenbar können viele Pflanzen und Bäume mit ihren langen Wurzeln von den geringen Wassermengen profitieren.

Oberflächenwasser ist somit abhängig von der Menge des Niederschlags. Diese Niederschläge sind allerdings sehr unzuverlässig und nur schwerlich prognostizierbar.

Man liest daher in Namibia immer wieder die Bitte oder Aufforderung, sparsam und rücksichtsvoll mit dem teuren Nass umzugehen.

Literatur

Bridgeford, P & M,; Sesriem & Sossusvlei, Die Wüste erleben, 3. Aufl.; 2012
Broschüre aus dem Chalet Eagles Nest Klein Aus Vista, von Piet Swiegers als pdf-Datei per E-Mail geschickt
Engombe, Lucia; Kind Nr. 95, Meine deutsch-afrikanische Odyssee; 10. Aufl. 2013 Ullstein
Gondwana History, Momentaufnahmen aus der Vergangenheit Namibias, 1. Auflage 2014, Gondwana Collection Namibia. www.gondwana-collection.com. Oder: Klaus HessVerlag, www.k-hess-verlag.de
Gondwana History; Goldbeck, M. ; McGregor, G.; Keine Chance, Der Erste Weltkrieg in Namibia, 2014, Gondwana Collection
Grünert, N., Oberflächenwasser – ein seltenes Gut im Wüstenland, Tourimus Dezember 2014, Beilage der Allgemeinen Zeitung, Windhoek
Martin, Henno; Wenn es Krieg gibt, gehen wir in die Wüste; 8. Aufl. 2013, Verlag two books
Merian-Hefte; Namibia
Namibia fürs Handgepäck, Hrsg. Von Hans-Ulrich Staufer, Unionsverlag, 2012
Pack, Livia und Peter; Namibia, Stefan Loose Travel Handbücher
Petersen, Elisabeth; Namibia, Vista Point
Poser, Fabian von; Namibia – Durch die Augen des Geparden; Picus-Verlag, 2011
Rohrbach, Carmen; Namibia, Malik, National Geografic
Sense of Africa, Reise-Begleitunterlagen
Volkmer, D.: Etosha und Caprivi, Eine Reise in den Norden Namibias, Books on Demand, 2017,

Sossusvlei und Fishriver-Canyon

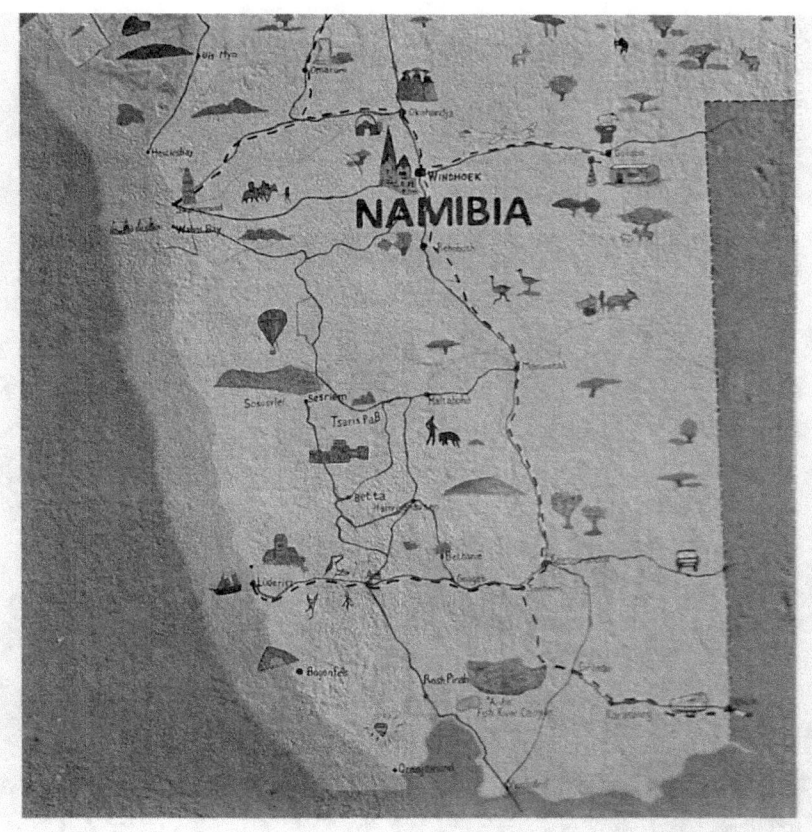

Plan vom Süden Namias
(abfotografiert an einer Tankstelle in Aus)
Rechts davon: Botswana
Unten: Südafrika
Links: Atlantischer Ozean

Das Folgebuch über Namibia:
Etosha und Caprivi - Eine Reise in den Norden Namibias
2017, erschienen bei Books on Demand
In jeder Buchhandlung oder im Internet erhältlich

Weitere Veröffentlichungen des Autors (eine Auswahl)

**Mensch & Schlange
Feindschaft oder Freundschaft ?**

Näheres unter
www.literatur.drvolkmer.de

**Der Mensch - Allein im Universum?
Reflexionen eines Erdenbwohners**

Näheres unter
www.literatur.drvolkmer.de

**Viertausend Kilometer Einsamkeit
Die Osterinsel - Rapa Nui**

Näheres unter
www.literatur.drvolkmer.de

**Athos
Unterwegs im Garten der Gottesmutter**

Näheres unter
www.literatur.drvolkmer.de

**Helena und Paris
Eine dramatische Liebesgeschichte**

Näheres unter
www.literatur.drvolkmer.de

**Die Odyssee
Eine psychologische Reise nach Ithaka**

Näheres unter
www.literatur.drvolkmer.de

Sossusvlei und Fishriver-Canyon

Zum Ausklang:
Ein Sonnenuntergang im Süden Namibias

Unterwegs im Süden Namibias

www.ingramcontent.com/pod-product-compliance
Lightning Source LLC
Chambersburg PA
CBHW071211240526
45470CB00018B/1752